圓山大飯店的
當時與
此刻

紅房子

Red House

李桐豪
著

推薦序

辛亥革命催生的王孫屋頂

凌宗魁　建築文資工作者

做為粉專「對我說髒話」的忠實讀者很久了，後來才知道版主李桐豪是從《壹週刊》到《鏡週刊》負責人物組的記者，新聞會過去，故事會留下，人物專訪一向是我認為財經娛樂類雜誌最好看的部分，能編排文字賦予魔力成為精彩故事，讓讀者看了開端就停不下來。直到窺探他人人生，好像更加理解這個世界的欲望被滿足，對我來說就像是魔術師般神奇。知道功力高強的李桐豪以圓山大飯店為題材，挖掘許多人生與建築空間交織的相關人士回憶，就迫不及待翻開這座黨國幻想的殖民宮殿，內在真實血肉的生命。

「和睦建築師事務所」楊卓成設計的圓山大飯店，是談臺灣戰後建築必然論及的經典案例，象徵性與時代意義的建築史論述早已連篇累牘，文學領域也有范銘如、周文龍（Joseph R. Allen）等學者從政治、電影等角度為文分析。而其中有關色彩的描述，大多是著重於黃澄澄的琉璃瓦屋頂，本書取名《紅房子》，讓長期習慣從屋頂觀看仿古宮殿風格建築的視角，像是重新發現般，正視飯店量體中以壓倒性比例存在的紅色，也挖掘出天際線主宰的建築史以外房間裡的故事，透過鮮活的人物觀看這棟龐然大樓的精采歷史。

黃屋頂為何是黨國時代引人注目的建築風景？時間要先拉回戰前的臺灣。日本時代在臺長達三十四年，長期擔任臺灣總督府營繕課課長的井手薰，對臺灣建築有深入觀察與見解，一九二九年他與建築界人士成立學術社團「臺灣建築會」並擔任會長，透過文章發表、講座探討，向社會推廣臺灣建築的特殊性與未來發展。當年井手薰曾在臺北放送局的廣播節目，以〈臺北的都市美〉為題，談到對於都市建築計畫的各種願景，並集結內容刊載於社團刊物《臺灣建築會誌》。關於都市顏色，他說到每座大城市都有代表自己印象的色彩和色溫，如倫敦薄黑、巴黎明亮、羅馬灰褐等，建築設計者務必與環境調和，不能只顧及本身的色彩；而造成城市色彩印象的元素，除了不會動的建築，包括可更換的店鋪看板、移動的馬車與汽車都會造成影響，尤其來回行駛的公共汽車更是城市整體給人的重要印象之一。

臺北要建立自己的形象也需要長遠規劃，相較日本內地處於低緯度的臺北，適合運用在明豔陽光下表現多彩，又能因應多雨潮濕氣候便於清洗維護，呈現摩登形象的面磚塑造獨特風格。仔細品味井手薰主導規劃設計，以面磚賦予表情的建築，如草綠的臺北公會堂（今中山堂）和臺灣總督府高等法院（今司法大廈）、棕黃的臺灣教育會館（今二二八國家紀念館）和臺北帝國大學建築群（今國立臺灣大學）、赭紅的臺北高等學校建築群（今國立師範大學）等，都具備整體風格協調，細節又充滿變化的繽紛色彩。

戰後臺北接受歐美現代主義教育的建築師打造的地景，或許差點就要發展出屬於臺北的顏色了，但並不是井手薰理想中，融合沉穩內斂又不失活潑的色彩，而是以表現空間為要旨的白色磁磚布滿外牆的住辦大樓。經濟發展帶來樓房的大量生產，實際創造出來的內部空間千篇一律，外觀色彩表現也很貧乏：中華民國建築師們曾一度相當迷信能凸顯量體的白色外牆，這是現代主義的教條，一九八〇年代在紐約甚至有「白派五人組」這樣如偶像團體般的明星建築師供全世界模仿朝拜。後來的故事我們都知道，在臺北潮濕多雨的氣候條件下，白色外牆磁磚若沒有強而有力的大樓管委會編列預算時常清洗，很容易就沾染汽車時代的廢氣髒汙，難以表現空間與構造特色。再後來陸續拉皮重貼磁磚，早已不見白色之城的現代主義理想，但對照混雜各階級居住的蒼白之城，黨國時代的中華民國是有貴族的，階級地位如何凸顯？點綴其中的黃色琉璃瓦地標就是離散王孫對於故國江山想望的具體投射。

根據北京清華大學建築系楊鴻勛教授的研究，明清時期的黃色琉璃瓦只有最高等的皇室宗族和孔廟屋宇能夠使用，即便尊貴如親王、郡王府邸也多採用綠瓦或黑瓦。但是康熙賜匾的浙江普陀山法雨寺，因安置南明宗室後人，准旨使用黃色琉璃瓦建寺，出格運用皇族色彩於海上仙島佛閣。後來流離臺灣，國族認同為炎黃子孫的國民黨政權，為了對抗中共推行文革，向世界宣示自己才是華夏正朔，延續國民政府在南京執行《首都計畫》的意念，也在臺灣到處興建復古宮殿風格的建築。但整個南京宮殿風格的行政官廳，大都不敢僭越前清禮制採用黑瓦和綠瓦，也只有由徐敬直和李惠伯設計、梁思成和劉敦楨指導規劃的南京博物院，因做為北平故宮分館而採用尊貴的黃色琉璃瓦。

但自認推翻滿清，領導辛亥革命的國民黨政府，撤臺後在臺北以公共資源陸續打造的國民革命忠烈祠、國父紀念館、兩廳院等，卻充滿歷史諷刺地熱烈擁抱「黃瓦」，這個充滿辛亥革命推翻的前清帝室的皇權象徵（外雙溪故宮雖是綠瓦但搭配黃脊，也是模仿北京故宮暢音閣的配色）。更有趣的是全臺灣戰後廟宇因多承接華南系統，黃瓦屋頂遍地開花，臺北乃至臺灣，不但成為地表最大中國城，還是座乍看之下沒有皇帝的山寨皇城了。所謂民國，統治者卻仍以營造昭示自己依然是尊貴皇室的象徵，國民黨繼承皇統意圖的自我滿足心理，除了建築研究者以外，大多數人無法體會是多麼荒謬弔詭的悖論。

俯瞰臺北戰後城市景觀，點點滴滴的金黃瓦片散布櫛比鱗次的白色大樓其間，讓整個臺北盆地浮現洛陽長安南京北平的故都殘影的意志強烈，其中最高聳的就是本書主角圓山大飯店，同為楊卓成設計的兩廳院甚至直接復刻紫禁城三大殿的太和殿的廡殿頂，以及保和殿的歇山頂造型，「石城建築師事務所」姚元中設計的忠烈祠則是另一座小太和殿。那麼攢尖頂中和殿的臺北分身在哪裡？最相似的莫過於書中另一主角「圓山聯誼會」了。

後來無論白色還是黃色，都沒有成為代表臺北乃至臺灣建築與城市風格的代表顏色（無政治隱喻），只剩下量體龐大的紅房子，仍聳立在日本時代就擇定的神社風水寶地圓山上。經歷民進黨成立、屋頂大火、聘進獅子總裁和折毀國旗事件等風風雨雨，流亡黨國勉力維持的王孫貴氣也逐漸消散逝去，曾經承載顯赫權勢的宮廷，終究回歸自由競爭的市場機制。感謝李桐豪留下建築中的故事，讓我們一窺臺灣過往來時路，後來的城市乃至國家風格如何塑造，就交給未來的人了。

Red house

目錄

幾番改朝換代，風雲變色，唯獨紅房子仍矗立劍潭山上，
紅房子的歷史就是小島的歷史。

序章

龍宮

歡迎來到
紅房子

要抵達山上那棟紅房子有兩條路可走。

若開車，則沿著中山北路，過臺北市立美術館、中山橋，見前方山壁一個斜坡，拐彎，順斜坡開上山即是。若步行，便在中山北路「劍潭活動中心」對面公車站牌，找到路邊一對又像狗、又像獅子的石雕動物，動物們身後是一條登山步道，沿著步道一級一級往上走，蜿蜒的山路，視線被前方荒煙蔓草擋住了，一轉彎，眼前是一座巨大的牌樓，與北京雍和宮一模一樣的牌樓，牌樓上由右至左寫著「圓山大飯店」五個大字，那雄渾強健的筆力，乃出自孔子七十七氏嫡長孫孔德成手筆。

圓山大飯店，劍潭山上的紅房子，樓高十四層，七彩畫梁、飛簷斗拱、丹朱圓柱、金色琉璃瓦……古色古香的建築語彙把紅房子修飾得像一則章回小說。

廣場上，一車車的遊覽車載來一波波的遊客。大疫年代，唯有此處大發利市。彷彿宮殿，彷彿廟堂，紅房子盡是紅地毯、紅廊柱，紅窗櫺。紅是朱紅，是燭紅，是鴿血紅，是二月楓花紅，紅是火紅，是胭脂紅，是臘想歌時一燼紅，那莊嚴的大紅色在油漆公司已有專屬的色票，是謂「圓山紅」。

遊客們站在廳堂，抬頭張望天頂上的梅花藻井，聽著一旁導覽員好詳細地解說：「藻井是中國建築中一種頂部裝飾手法，將建築物頂棚向上凹進如井狀，四壁飾有藻飾花紋，故而得名。藻井常見於宮殿或廟宇天花板，通常在皇帝寶座或佛壇之上，往往是一個建築最尊貴的地方。所以有風水師在媒體上說，圓山大飯店整棟建築最佳能量就在梅花藻井所在的位置，站在藻井下方可以吸收龍鳳呈祥的富貴之氣。圓山的梅花藻井中央有五條金龍環繞一顆龍珠，意味五福臨門。」

龍在不厭精細的梅花藻井上，在欄杆上的蓮花宮燈，龍也在噴泉池裡。

「金龍廳」大堂有座三爪金龍噴泉，為圓山飯店前身圓山神社的遺留文物。一九四四年，一架日本飛機意外撞上神社，華美的木造建築在熊熊大火中付之一炬，唯獨林園的噴泉銅龍毫髮無傷，眾人莫不視為神蹟，是以初代圓山飯店「金龍廳」落成，蔣宋美齡便責令部

・圓山飯店一樓大廳，梅花藻井。

屬把銅龍安置飯店廳堂，一九八七年，「金龍廳」改建，銅龍鍍上K金，蟠踞在袖珍的石造山林裡，口吐潺潺清水。水池裡布滿銅板，成了許願池。祈求高考順利、祈求家庭和諧、祈求姻緣美滿，每一枚閃閃發亮的銅板都是一個小小的心願，關於金龍風聲水影的傳說不勝枚舉，是以名嘴們在談話節目總要拿它來說事：「劍潭山龍脈乃是一條隱龍，隱龍只在平地露出頭尾兩端，木柵指南宮猴山上是龍頭穴，劍潭山為龍尾穴，這穴眼吶，就是在金龍噴泉上。」

龍在紅房子無所不在，某長住此處的老外某日一時興起，仰頭指點周遭金龍，因為太多太多了，頭抬得高高地仰望，數到脖子都瘦了，老外放棄了，他低頭看看手中的計數器，上頭的數字是二十二萬。紅房子至少有二十二萬條龍，故而說這是一座龍宮也未嘗不可。

龍在琉璃金瓦屋簷上，與麒麟、鳳凰眾神獸並列，是謂「龍生九子」。龍也在宴會廳的五彩琉璃屏障，見龍在田、神龍擺尾、飛龍在天，是謂「九龍照壁」，玻璃屏障仿造故宮「九龍壁」而建，飛龍是裝飾，也是對統治者的謳歌，天龍是九五之尊的另外一個名字，這裡是帝王的宮殿。

一九四九年，蔣介石國共內戰失利，敗走臺灣，失勢的強人在這個小小的島嶼，用堅強的意志排除異己，改組政黨，企圖重建自己的王朝。他在昔日的神社舊址起高樓、宴賓客，美國艾森豪總統、伊朗國王巴勒維、泰皇蒲美蓬……一百一十一位國家元首來來去去，紅房子一時間衣香鬢影，冠蓋雲集。後來，蔣介石走了，父死子繼，蔣經國上任；蔣經國死了，隨後之李登輝、陳水扁、馬英九、蔡英文。幾番改朝換代，風雲變色，唯獨紅房子仍矗立劍潭山上，靜看基隆河流逝。中美斷交談判在此、民進黨成立在此、國共江陳會談也在此，紅房子的歷史就是小島的歷史。

到如今，歷史變成下午茶的蔣夫人紅豆鬆糕、變成東西兩側密道。

居安思危的年代，紅房子為來訪元首打造的緊急逃生路線如今變成了東西兩密道。西側密道長八十五公尺，共七十四個階梯，密道還有一座長約二十公尺的滑梯，是為當初年事已高的蔣介石所設計，假使老總統在此遇上突發狀況，就讓隨扈抱著，滑下去逃生便是。二〇一二年，某電視台女記者坐在滑梯上做連線，一個失神滑下去，發出手遊《憤怒鳥》一樣的哀鳴，影片在網路上爆紅，累積百萬點擊率，叫響了圓山密道的名氣，密道從一九年開放至今，累計三十萬參觀人數，紅房子趁勝追擊，修葺了東側密道。

密道入口播放著蔣介石的演說，一代強人江浙口音，乍聽不解其意，似催眠又似咒語。一步一步往密道深處走下去，那密道長六十七公尺，共八十四階梯，為防追兵，造得迂迂迴迴。走到最盡頭，推開門，光亮處是種滿紅玫瑰的小花園，花徑深處有座奶油色的小洋樓，那是紅房子老長官孔令偉故居，老員工們都說當年二小姐的情人都走這條密道與她相會。

孔令偉，宋美齡的外甥女，孔祥熙、宋靄齡次女，人稱「孔二小姐」或「孔二」，然「孔二、孔二」只能私下議論，老員工們見著了孔令偉，還是得鞠個躬，恭恭敬敬地喊一聲「總經理」。孔令偉穿西裝梳油頭，好做男裝打扮，沒有喉結，領結打得比誰都還大。身不得男兒列，心卻比男兒烈。孔令偉四九年前在上海嘉陵大樓開公司，炒外匯，做進出口貿易，就喜歡別人喊她總經理。

總經理現身紅房子，人群如摩西出紅海一樣，讓出一條通道，什麼董事長理監事都往旁邊站，她頂頭上司只有一個蔣夫人。姨母宋美齡視她己出，她要風有風，要雨有雨，權傾一時。一九七三年，飯店新大樓已蓋好了屋頂，她嫌建築像大人戴小帽，整個砍掉重練，那紅房子也在她的監造下，有了今日的風貌。兩代強人走了，政權易主，紅房子主人換了好幾任，小洋樓一度淪為倉庫，堆滿帳冊、傳票和廢棄的桌椅。但主事者現在都知道歷史是一門好生意，倉庫又變成博物館，展示二小姐愛穿的黑大衣，愛喝的洋酒，和珍藏的槍枝。起居室陳設與士林官邸相仿，桌椅、櫃子一應俱全，角落的壁爐倒是原來就蓋在那邊了。五斗櫃擺著老式留聲機。那留聲機應該要有音樂，要有京劇老生厲慧良的老黑膠。國民政府重慶陪都時期，厲家班在四川名聲大噪，厲慧良工老生兼武生，功底扎實，生龍活虎，蔣緯國喜歡，蔣介石喜歡，孔二也喜歡，在重慶，人人都說孔二男子扮相，眉眼與厲慧良有點神似。

那壁爐裡應該要放一盆火的，火光搖曳中我們就會看到孔二在一個冬夜坐沙發擦著槍，留聲機裡鑼鼓金角齊鳴聲中，大武生厲慧良唱道：「為國家，秉忠心，食君祿，我就報王恩，晝夜裡奔忙。」小洋樓窗外風一吹，也許會傳來山坡上紅房子的樂隊演奏聲，宋美齡、蔣介石宴請外國友人。梅花拼盤、竹笙清湯、原盅排翅、黃燜嫩雞、花菇菜心、杏仁茶、各色鮮果，那是一九六二年蔣介石與宋美齡宴請越南共和國總統暨夫人的菜單，其時，小島以中華民國之名，百來個邦交國，飯店廣場上旗海飄揚，紅房子每隔三五天都有派對，各國的國慶慶典、外交使節的聖誕舞會……歡笑聲、歌聲毫不間斷，白色恐怖初期，處處禁舞禁唱，唯有此處夜夜笙歌。大使與貴婦隨著音樂翩翩起舞，直到天明。

烈焰之中，歡迎來到紅房子和它的輝煌年代。

第一章

神社

在繁華
升起之前

地點是臺北徐州路和紹興南路交叉口，時間是再普通不過的週間下午，熙熙攘攘的馬路旁是臺灣隨處可見的公寓住宅，灰撲撲的水泥房子建築，舊舊的、老老的，委實難以想像這些毫不起眼的尋常百姓家當中，竟是「臺灣博物館」的庫房，藏著價值連城的國寶。

進入博物館庫房得在一張又一張的表格上簽名，反覆確認核對身分，工作人員的謹慎使得空氣中瀰漫著一種諜報電影的氣氛。庫房空間恆溫恆濕如同手術房，博物館工作人員在我們面前拉開一個又一個卷軸，然後將古畫攤在桌上。時光讓古畫成了稀世珍寶，也讓古畫氧化脆弱，工作人員兩兩一組，緩緩地，慢慢地，動作同步，連呼吸都小心翼翼地，彷彿能樂演員那樣優雅。卷軸內容是武部竹令的《能樂三輪》、是載仁親王繪的《八咫烏圖》、是那須雅城的《新高山》，我們一邊欣賞畫作，一邊低頭對照著手中清單，清單上頭列著臺博館二戰後自臺灣神社接收的六十二件寶物[1]。

一八九四年，光緒二十年，歲次甲午，中日因朝鮮主權爆甲午戰爭，大清帝國戰敗，隔年三月二十日，派李鴻章赴日，與伊藤博文簽訂《馬關條約》，割讓臺灣、澎湖。臺灣成為日本第一個海外殖民地，歲次從甲午變成了明治。建港口、鋪鐵路，殖民者在殖民地大興土木，期以這塊島嶼的自然資源與人力能為自己所用。除了看得見的基礎建設，日本人亦在臺灣人的心智上移植大和民族的神道信仰。一九〇一年，明治三十四年，日本治臺第六年，臺灣總督兒玉源太郎在當今圓山飯店現址的劍潭山成立臺灣神社。彷彿英國人在殖民地建學校、德國人蓋醫院、俄國人蓋教堂一樣，日本人在一九四五年戰敗前，一共興建了六十八座神社，代表殖民帝國的精神象徵[2]。

臺灣神社祭祀開拓三神——大國魂命、大己貴命及少彥名命，神話中記載開拓三神在天孫降臨之前開疆闢土，故而往往成為日本新領地的重要祭神，北海道的札幌神社如此、樺太

1 臺灣神社文物共計一三六件，戰後由省教育廳接受，一九五〇年移交臺灣博物館，計六十二件，惟註銷六件，剩五十六件。

2 竹中信子，《日治臺灣生活史》，時報，頁一三〇。

• 《臺灣神社》，吉田初三郎，1935，臺灣歷史博物館提供。

神社[3]如此，臺北的臺灣神社也是如此。而臺灣神社除祭拜開拓三神，亦祭祀在征臺之戰中死於臺灣的北白川宮能久親王。神社在大祭接受由皇室供奉的幣帛，經費全來自國庫，是為「官幣大社」，在所有神社之中位階最高。

總督府之所以選中劍潭蓋神社，相傳是此處風水極佳，地方耆老說鄭成功行軍此處，遇一河妖，將軍拋出身上寶劍，降服妖怪，故而得名。也有讀書人說是荷蘭人把劍插在潭邊茄苳樹上，潭始得名[4]。在日本人到來前，風水寶地已是大稻埕士紳田產、老百姓墳地以及法國領事館租界，土地所有權屬問題盤根錯節，在臺灣總督府強烈施壓下，拆除大稻埕士紳房舍，地主們僅得到零星的墓石清運費，就獻出了將近八萬坪的土地。神社於一八九九年破土，於兩年半後竣工，整座神社皆為檜木建築，「工程費五三六三五八圓十四錢，整地、營運費、基隆橋架，全由軍、官、民用心為之。」[5]

北白川宮的忌日為十月二十八日。十月二十四日，北白川宮王妃隨著靈位乘著軍艦「淺

3 樺太即當今庫頁島，一九〇五年，日本依《樸茨茅斯和約》取得的「南樺太」，一九〇七年設樺太廳，樺太神社成立於一九一一年，其主要的年度節日於八月二十三日舉行。

4 臺廈分巡道尹士俍《臺灣志略》：「劍潭，有樹名茄苳，高聳障天，大可數抱，峙於潭岸。相傳荷蘭人插劍於樹，生皮合，劍在其內，因以為名。」

5 竹中信子，《日治臺灣生活史》，時報，頁一三二。

・從明治橋遙望臺灣神社，臺灣歷史博物館提供。

間號」抵達基隆。當日風浪甚大，出迎的船隻皆無法靠近軍艦，總督兒玉源太郎「誠惶誠恐地抱起王妃」[6]，終於才上了舢舨，順利上岸。北白川宮王妃是首位來臺的皇室女性，她神采奕奕，搭乘專車從基隆抵達臺北總督府，沿途家家戶戶懸掛日本國旗，文武官員、臺灣人參事、各團體代表，被動員的學生夾道歡迎。

更盛大的場面是二十七日的鎮座典禮，當日，王妃身著白色禮服，撐白絹洋傘，乘幌馬車，在騎兵隊的護送下抵達神社。這是臺北施政以來，第一次聚集這麼多的人潮了。明治橋（跨基隆河的中山橋，現已拆除）神社參道入口有紅十字會搭建的臨時救護所，後籐新平夫人、臺北知事夫人村上，以及一些高官與士紳夫人、官眷與名門千金聚集公眾場合，臺北居民莫不視為罕事。

對兒玉源太郎而言，這座神社乃是他在任時最重要的政績之一。日本文化向來有仕紳向神社奉納寶物的傳統，收藏古玩字畫的兒玉，在一九〇二年神社例祭，命下屬將兩幅野村文舉的繪畫奉納給神社[7]，臺灣神社逐年累積了一批繪畫、書法、陶瓷等珍寶。仕紳所奉納的書畫或者謳歌日本帝國，或者讚頌神社，均有強烈目的性。譬如畫家須賀蓬城所繪的《劍潭

6 竹中信子，《日治臺灣生活史》，時報，二〇〇九年，頁一三二。
7 山口透，〈督憲兒玉公所納畫幅記〉，《臺灣日日新報》，一九〇二年八月二十九日，版一。

山圖》，其用意乃謳歌神社靈祠。《劍潭山圖》是一幅南畫[8]風格的山水作品，畫家用單色黑色墨水將一座小小的劍潭山暈染得雲霧繚繞，仙氣飄飄，畫作並以漢詩落款：「朔雪復瘴雨，荐勞皇冑班，靈祠神在處，萬古劍潭山。」

一片風景，各自表述，八年以後，臺灣畫家郭雪湖在《圓山附近》用西洋美術技法凝視同一片風景，畫家畫他眼中的鄉土景色，構圖嚴謹、用筆縝密，畫面中一片綠意盎然，定睛細看又有十餘種色相變化。畫面左方青山一角有鋼梁鐵橋做映襯，小丘下方的菜圃，柔弱少婦彎腰忙做農事，赭紅的腰帶頗有萬綠叢中一點紅的意味。小徑蜿蜒，迷入花木深處，數朵朱紅雞冠花綻放，翻過山的另外一頭，畫家沒有畫出來的，即是臺灣神社了。

該畫獲得臺展特選，並由臺灣總督府收購典藏，奠定了郭雪湖在臺灣畫壇的地位。時值一九二八年，其時，政治與社會運動正盛，臺灣總督府在殖民地的基礎建設皆已完成，海陸交通與現代貿易皆已走在時代尖端，臺灣人也得以與世界同步，舒手舒腳探索他們的摩登時代。一九〇八年十月，基隆到高雄縱貫鐵路已全線通車，臺北到高雄需十二小時，一張三等車廂車票十圓[9]——一個泥水匠一週的薪水差不多亦是這樣。

同年同月，鐵道飯店也在臺北車站對面落成（現今新光三越摩天大樓位置）。佔地六百坪，三層樓高的文藝復興建築是臺灣第一家西式飯店，飯店外觀的紅磚牆散發濃濃的英倫風格。一樓有大廳、集會廳、撞球室、閱覽室、理髮廳、西餐廳，飯店內的配件，大至吊燈，小至刀叉盜杯，皆為英國製的舶來品。外交官張超英在回憶錄《宮前町九十番地》憶及，小時候他體弱多病，祖母常帶他來此，「那裡古色古香，咖啡杯好小，有稀有的布丁可以吃」，到鐵道飯店飲食乃他童年中最甜蜜的記憶。

在此用餐，簡餐一客三圓，與最便宜的單人房相同，雙人套房則是十六圓，相較一百斤蓬萊米價格只要十圓[10]，故而有能力來此用餐住宿者非富即貴，林獻堂與日本自由民權運動家成立「臺灣同化會」在此；久邇宮邦彥王[11]遊臺灣下榻在此；郁達夫受《臺灣日日新報》之邀，來臺演講在此；陳澄波、顏水龍等人發起的「臺陽美術協會」也在此[12]。

名氣響亮的大飯店自然不乏一些花紅柳綠的八卦是非——飯店理髮師夜裡上吐下瀉暴斃身亡，一度被診斷感染「虎列拉」（霍亂），全城驚惶，後來經衛生警察細菌培養，確認不

8 南畫（Nanga），也稱文人畫，乃日本繪畫流派分之，在江戶時代後期興旺發達，以知識分子自詡的創作者對中國傳統文化懷有敬佩之情，其畫風通常是單色黑色墨水或淺色山水畫。

9 梅心怡、趙家璧，《臺北一九三五年》，聯經，二〇一四年，頁十二。

10 「林衡道指出鐵道飯店住宿費，一人一晚十七圓，相當專科畢業生一個月薪水。而根據臺北市役所一九四二年資料，住宿費分六等級，最貴十六圓，便宜三圓。」陳柔縉，《臺灣西方文明初體驗》，麥田，二〇一一年，頁一〇三。

11 久邇宮邦彥王（一八七三年七月二十三日～一九二九年一月二十七日）為當今明仁太上皇外祖父。

12 〈臺陽美術協會誕生：一起妝點臺灣的春天吧〉，中央研究院．臺灣史研究所，https://reurl.cc/OpZoOv。

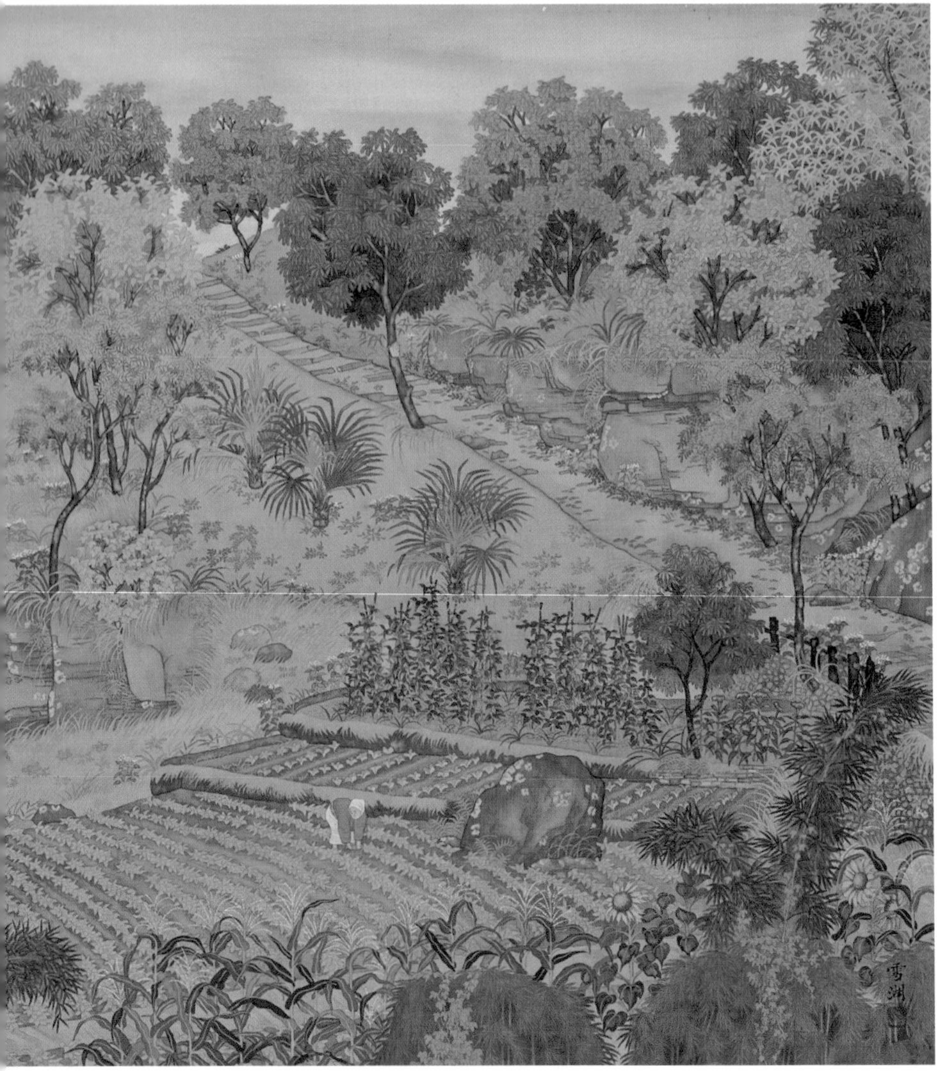

・《圓山附近》，郭雪湖，1928。郭雪湖基金會提供，臺北市立美術館典藏。

・臺灣鐵道飯店，臺灣歷史博物館提供。

是傳染病，飯店才鬆了一口氣；旅館職員與蒙面大盜內神通外鬼，行竊逃逸的故事成了臺北名流社交談資；當然更為人津津樂道的，來自日本的男子與女友投宿旅館之後，服嗎啡自殺的殉情事件。

房客們若走出豪華的飯店，必然會被眼前陡然一寬的三線道路所震懾，四十公尺大馬路寬敞如江河，兩岸樹影搖曳，巴士與汽車行駛於平坦的瀝青路面，穩穩妥妥如一艘大船。大路朝天，一路往北，到底了，就是大稻埕。大橋町、港町、永樂町、太平町、蓬萊町、建成町……大稻埕在一九二二年町名改正後[13]，仍無損這一帶濃濃的臺灣庶民風情，茶葉、布匹、藥材乃至南北雜貨貿易無不興盛，「町尋常的午後，大街上瀰漫著茉莉花與烘茶的香氣，撿茶的女工們正在亭仔腳內對著茶簍忙碌，賣東西的小販們，也在街道間穿梭，」梅心怡、趙家璧在《臺北一九三五年》描述大稻埕街道茶葉飄香，現在是聞不到了，但我們仍可在郭雪湖的《南街殷賑》穿越時空，回到過去感受大稻埕的繁華榮景。

《南街殷賑》描寫「霞海城隍廟」中元節廟會鬧熱滾滾的盛況。畫中的店鋪、商家高懸五彩繽紛的招牌，寶香齋商行、乾元元丹本舖、金瑞寶金銀細工、体天宜時計店、保生參茸

13　町名改正為日治時期實施的行政區劃改革，將臺灣自明清時期以來的線性街道命名方式，改為日本特有的町。一九一九年四月首先在臺南市實施。臺北市在大正十一年（一九二二年）三月實施町名改正，市區劃分成六十四町。

燕桂……大紅大綠的配色，鮮豔而刺激。畫中人穿著漢服穿梭在熱鬧的市集，畫中人離開了畫，或者就會換上西米羅去永樂座看戲、去逛動物園、去圓山棒球場看球賽，那時候觀眾們沒有鳴笛瓦斯和加油棒，只能揮著檳榔葉和大旗。

那圓山棒球場是一九二三年為了裕仁皇太子巡視而建。那一年的四月十六日，皇太子由日本橫須賀搭乘「金剛號」抵達基隆港，展開十二天的巡臺行啟[14]。一行人搭火車，浩浩蕩蕩進入臺北下榻臺北賓館，隔日，皇太子第一個行程即是到臺灣神社參拜。皇太子在臺北停留兩日，參觀各機關，之後新竹、臺中、臺南、高雄、屏東，一路往南，搭船至澎湖，然後北返，遊覽草山、北投溫泉，二十七號搭軍艦返日[15]。

各地民眾被動員去奉迎皇族，作家張麗俊在《水竹居主人日記》記載十九日裕仁抵臺中的盛況：「是日，東宮太子殿下駕臨臺中當驛，欲往盛況者，臺中當得未曾有之盛事也。」臺灣總督府極盡能事，動員了龐大人力物力，整理街道、布置牌樓、設置御泊所，安排參觀活動，殷勤招待這位未來的日本天皇。日本學者若林正丈認為，其時，第一次世界大戰剛結束，歐洲君主制度陸續崩潰、天皇身體微恙、臺灣亦出現議會請願運動……種種因素皆是促成裕仁來臺的動機，而裕仁對總督府治理臺灣的成果亦留下深刻印象[16]。

一切的繁華、昇平都在一九三五年達到頂巔，那一年，昭和十年，臺灣總督府舉辦了

「始政四十年博覽會」，十月十日，展覽會在臺北公會堂（今中山堂）開幕，學者呂紹理如此描述開幕盛況：「上午九點半，臺北市公會堂前響起隆隆炮聲，天空煙花四起。第十六任臺灣總督中川健藏緩緩走上公會堂內的舞臺，宣布《始政四十周年紀念臺灣博覽會》正式開幕。十一時博覽會開幕正式結束時，公會堂外再次響起煙火、一千五百隻傳信鴿振翅高飛；而臺灣國防義會的義勇號飛機則在會場上空劃空而過，五色彩紙隨即自天而降，各會場同時開放參觀，立刻湧入大批人潮，場面極為熱鬧。」[17]

博覽會在公會堂、新公園、大稻埕、草山（今北投）等地設有會場，全臺各地亦有地方分館，展覽臺灣、朝鮮、滿洲國等各殖民地風土文物達三十五萬件[18]。那是一個長達五十天的慶典，報紙在相關報導下著活色生香的標題「滿地躍動之秋」、「南方文化的金字塔」，臺北城開不夜，炫光流轉的牌樓與會場光雕，在夜空閃耀著。各場館夜夜笙歌，中國京劇院、大稻埕藝旦、電影首映、爵士歌舞……精彩表演輪番上場。北港朝天宮的媽祖也被請上

14 所謂「行啟」，依照日本皇室的稱謂，是指皇太子或皇后出巡、訪問或旅行，若是天皇出巡則叫做「行幸」。

15 蔣竹山，《島嶼浮世繪：日治臺灣的大眾生活》，蔚藍文化，頁八十一。

16 同注釋15。

17 呂紹理，《展示臺灣：權力、空間與殖民統治的形象表述》，麥田，頁五十六。

18 除上述臺北各展場，博覽會在基隆水族館、板橋林家花園、新竹、臺中、臺南、高雄布置分館。

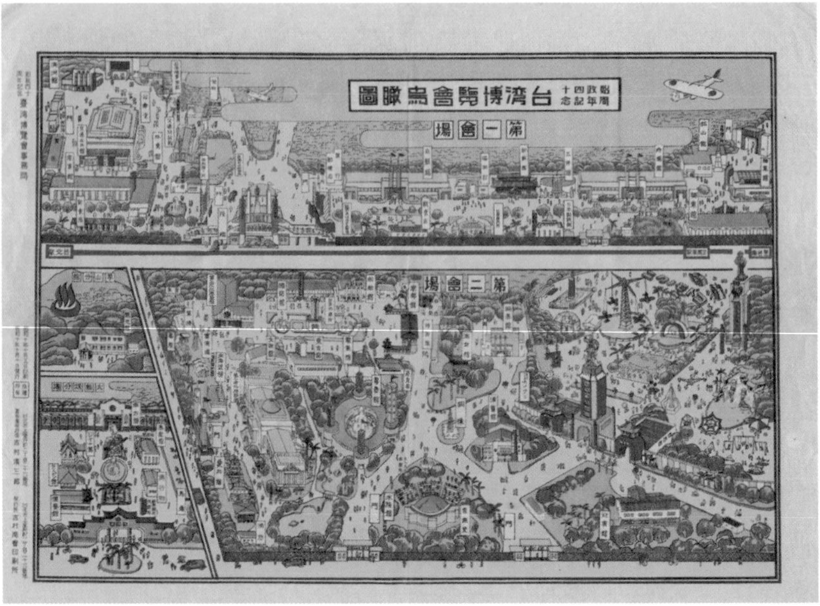

・臺灣博覽會鳥瞰圖，臺灣歷史博物館提供。

來遊行了，十一月十七日，萬華青山王祭當日，北港、嘉義、臺南大小媽祖鑾轎、藝閣、信眾繞行臺北城內外，那天是博覽會前結束前一個星期天，匯集成盛大人潮。

臺灣作家朱點人短篇小說〈秋信〉寫前清秀才參觀博覽會，身邊的人歡喜談論著：「博覽會是自有臺灣，也未曾有過的熱鬧，看一次，就是死也甘願。」透過前朝遺老的目光，那些莊稼漢也像是遊歷了這場大熱鬧，「比遊月宮回來還要歡喜」。

民族異議分子認為那是帝國主義野心下的產物，然而在總督府傾其全力的造勢下，參觀人次多達三百三十四萬[19]，其時，臺灣人口不過近六百萬，可謂盛況空前。博覽會帶來無限商機，熱錢滾滾。當時，臺北各大餐廳、電影院、溫泉旅館、書店、照相館、廟宇各自推出慶祝博覽會成功的紀念章，各商家別出心裁，每一枚紀念章的線條、文字、空間布置有其創意和巧思，吸引遊客爭相蒐集蓋章。

臺灣神社當然也有自己的紀念章，官幣大社的參拜紀念章是一枚十六瓣的菊徽——日本天皇家紋，始政四十年，神社本欲祭出裕仁皇太子行啟臺灣的衣物配劍、伊勢神宮撤下的寶物[20]，雖然寶物因安全考量，最後並未如期展出，但那並無損神社在臺灣日趨崇高的地位。

19 陳柔縉，《一個木匠和他的臺灣博覽會》，麥田，二〇一八年，頁二七二。
20 〈臺灣神社珍藏寶物出陳于第一文化館，明治大帝御裝束劍等〉，《臺灣日日新報》，一九三五年十月四日，版八。

博覽會那幾日，龍山寺那一頭有媽祖鑼鼓喧天遶境，劍潭山上亦有信眾潔淨雙手，鞠躬祝禱。信徒們沿著明治橋朝神社方向走去，沿途是銅牛、鳥居、拜殿和本殿。神社已然是在臺日人的精神支撐。產官學界凡有事，皆與神明祈禱。一九二一年，東宮太子歐遊歸來，臺灣一群官員便帶著學生去神社舉行「奉告祭」，感謝神明。一九三四年，臺電的日月潭工程順利完工，社長亦率眾到神社奉告表謝[21]。

月盈而虧，盛極而衰，每個王朝都有它的萬曆十五年。在輝煌過後趨於衰敗，大東洋軍國的萬曆十五年就是昭和十年，熱熱鬧鬧的博覽會過後，日本發動侵華戰爭，為滿足戰爭的需要，臺灣總督府恢復了武官總督的設置，皇民化運動像一隻無形大手掐著臺灣人的脖子。臺灣人姓名要改得像日本人、言行舉止也要像日本人，臺灣人必須是信仰神道，效忠天皇、熱愛帝國的皇民，為帝國出征至死不渝，神社也在「一街莊一神社」政策，計畫從神社升格成神宮。

大倉三郎曾在當年《臺灣時報》回憶臺灣神社擴建的來龍去脈：「臺灣神社舊社殿自明治三十四年造營以來，歷經四十年的自然腐朽或白蟻愈加猛烈的侵害，加上始政草創期急促的創建，境內狹小且設備不全。以臺灣現狀相比有隔世之感，有要求改建的聲浪理所當然。為回應島內居民熱切期盼，在昭和十年七月決定改建社殿，並盡速著手調查準備。」[22]

總督府計畫將神社遷座至東側兩百公尺的新境地（即從現址為圓山大飯店的地點遷徙到目前圓山聯誼會的位置），「外苑之形塑，仿造明治神宮、橿原神宮等例」，神宮外苑並興建各種修練道場、式典場和運動場。預定地上的劍潭寺被迫搬走了，大批大批的檜木從阿里山運來了，在皇民化運動的大旗下，神社也變成了皇民奉公的對象，「（神社外苑）由學校青年團、保甲民與其他一般來說勞動居民做志工性的勞動服務，又獎勵獻木運動，用島上居民的雙手進行營造守護全島的神社。」[23]六號戰俘營就在神社一公里外的地方（今國防部本部），順理成章都成了免費的工人，負責神社外苑之土木工事與鐵道工事[24]。

時序推進到了一九四〇年，由於戰爭的白熱化，藝術家配合總督府的動員，藉由「彩管報國」作為「奉納」的實踐，新竹州內的「新竹從軍會」委託畫家，以甲午戰爭的「黃海海戰」、日俄戰爭的「奉天入城」與中日戰爭的「南京陷落」為主題，創作《油繪大額面》奉納給新竹神社。總督府美術展覽會審查員木下源重郎，以及畫家郭雪湖、呂鐵州、林玉山等人向臺灣神社、護國神社及各地神社進行日本畫奉納計畫，且「畫題、構思、尺寸與總督府

21 陳柔縉，《一個木匠和他的臺灣博覽會》，麥田，頁二七二。
22 大倉三郎，〈御座遷徙之御事〉，《臺灣時報》，一九四四年十月。
23 《臺灣日日新報》，一九四〇年十一月十九日，版一。
24 〈The Story of the Taiwan Pow camps and the men who were interned in them〉，http://powtaiwan.org/。

討論」[25]，澈底擁抱軍國主義。

但隨著美國在珍珠港事件後加入二戰，日本在太平洋地區稱霸的態勢也悄然改變。一九四四年，美國站穩在菲律賓的制海空權，美軍以馬尼拉為基地，對東南亞日本控制區展開密集的空襲，擁有軍用機場與軍需設施的臺灣首當其衝，自該年十月，美軍定期對臺灣所有軍需產業發動轟炸，炸毀了屏東、虎尾等地可製造酒精燃料的糖廠、高雄港及岡山飛機製造廠（單此工廠便遭受了六五〇噸炸彈轟炸）與石油煉製工業。在主要軍用設施目標遭夷平後，砲火就瞄準了臺灣總督府所在的臺北市。臺灣神宮在這一波的轟炸毫髮無損，該年十月，新境地社殿完工，並預計在十月二十五日進行遷座祭，未料，一架自松山機場起飛的飛機在劍潭山墜機，造成神宮樓門、迴廊等建築物火災受損，隔年五月八日，美軍又對神社投彈，導致部分拜殿燒毀[26]，短短一年不到的兩場神社大火像是預兆，預言了大日本軍國的衰敗。

一九四五年，五月三十一日，美軍第五航空隊轟炸臺北，在臺北投彈三一〇噸，造成七五九人死亡、六十四人失蹤[27]。戰火過後，整個城市滿目瘡痍，臺灣鐵道飯店、總督府、臺北車站、臺灣銀行等公共建設遭到程度輕重不一的毀損。艋舺龍山寺、臺北第一女高（今北一女）、臺北一中（今建國中學）等學校、廟宇、戲院與不少鄰近主轟炸區域的民宅也無法倖免於難。一九四五年八月六日和九日，美國分別在廣島與長崎投下兩枚原子彈，十五日，日本宣布投降，第二次世界大戰結束。十月二十五日，臺灣總督府於臺北公會堂舉行受降式，日本治臺五十年終告結束。一八九五年到一九四五年，歲次從甲午變成了明治、大正和昭和，再由昭和改為民國，太陽旗變成青天白日滿地紅，這一年是民國三十四年。

神社作為日本帝國時期最高的精神象徵，戰後被教育處、民政局接收，成了民眾教育館的場址，臺灣省政府將神社文物招標售出，鳥居和花崗岩石燈籠為畫家李梅樹所得，成了三峽祖師廟的中殿石柱，原臺灣神社鎮座式紀念碑輾轉也流落到竹林山觀音寺。部分臺灣神社美術品移交了當時的省立博物館，而這批美術品也隨著改朝換代，長埋在庫房中。

眼看他起高樓，眼看他樓塌了。開拓三神的神話、始政四十年博覽會背後的帝國大夢在神社焚毀後注定被遺忘。民國三十五年，荒山上蓋起一座兩層樓的磚房，那是省政府苦無招待貴賓的招待所所蓋之飯店，建築雖以「臺灣大飯店」名之，但房間小、餐廳小，看上去非常寒酸，直至一九五二年，民國四十一年，飯店以圓山之名改組，一切的繁華、昇平將在廢墟之中再度予以重建。

25 〈油繪奉納奉告祭〉，《臺灣日日新報》，一九四〇年十月二十一日，版三。
26 津田良樹，〈臺灣神社到臺灣神宮——臺灣神社昭和造替之經過與檢討〉，頁三—十八。
27 一〇五年臺灣文獻講座空襲福爾摩莎記事，第一四六期，國史館臺灣文獻館電子報。

人物故事

劉興明／90歲
前養護室主任

戰前あいうえお 戰後ㄅㄆㄇㄈ

我是昭和七年出生，昭和七年換算西元是一九三二年。一九四五年中日戰爭結束，昭和二十年變成民國三十四年，那一年，我十三歲。

我父親是臺中一中畢業，他念過日本帝大，兩百四十六人考取四個，很厲害，他腦筋很好，書看一遍就知道，記憶力很強，可惜後來沒有畢業。他在總督府會計科當科長，有自己的會客室，那時候，臺灣人當科長的很少。

我念開南商工，日本時期的開南商工很有名，臺灣大學學生看到開南的帽子，要跟我們敬禮。

暑假都會有戶外見學（教學），我們參觀過總督府，那時候叫作「阿厚斗」[1]，也去動物園、到臺灣神社參拜，圓山神社真正的位置是現在「金龍廳」的地方。我退伍前兩年也有來，碰到一個日本人還問金龍還存不存在？那好像是一個藝術家送的，中國是五爪金龍，日本人的龍是三爪。

日本人為什麼會選在圓山蓋神社？因為神社是龍頭，嘴巴是明治橋，圓山動物園是球，為什麼叫圓山呢？因為是圓形，像是一顆球，基隆河是龍要喝水，這是日本地理師選在這個神位。尾巴在哪裡呢？中央山脈順著阿里山一直下去就是龍尾，臺灣就是一整條龍[2]。

後來，嘉義有一架教練飛機掉下來，撞到了神社，破壞了風水，日本人就把神社往上挪，變成神宮，也就是現在聯誼會所在的位置，聯誼會的防空洞，就是以前神明疏散的地方，美國人來轟炸的時候，神宮的人就把神明挪到防空洞裡面去。那時候打仗，沒有鐵，日本人把神社的鐘拆去做砲彈。日本戰敗前幾個月，飛機撞到神宮，報紙都不敢講。後來臺灣神社改圓山飯店，把參拜洗手的水池變成了游泳池。游泳池現在也還在，就是在

1 當時人稱總督府為「阿呆塔」，「阿厚斗」為其日語發音（あほうタワー）。

2 圓山龍脈風水說法眾說紛紜，亦有說臺北盆地是一條隱龍，龍頭在木柵，龍尾穴在當今圓山金龍廳。

「金龍廳」商店街那邊，變成了地下水庫，供水給每一個房間。

戰爭結束前，美國人一直轟炸臺北，連總督府都被炸，我們學校疏開（疏散）到木柵，為了安全起見，我父親要我回關西老家，轉學到關西農業學校（即關西高中前身）。戰敗前念あいうえお，戰敗後ㄅㄆㄇㄈ，念《增廣昔時賢文》和《三字經》，放學和同學偷偷講日文，被路上阿兵哥聽到，就被罵亡國奴。

關西農業畢業後，因為家境不是很好，就要找工作。我去電器行當學徒，學了四年七個月，學的全是日本電力公司的規則，當學徒苦頭吃多了，每天都被「小鬼、小鬼」的叫。二十一歲當兵，在新竹當補充兵，四個月後調金門，因為是第一批臺灣兵調金門，有優待，當一年多就回來了。後來，我考進美軍第一招待所，就是「自由之家」，在那邊服務了四年。「自由之家」比照阿兵哥的待遇，薪水兩百四十，那時候我女人前前後後生了四個小孩，一年一個，小孩吃不飽，只好吃奶粉，一罐奶粉一百八。我在公家有飯吃，但我太太要買菜買米，很辛苦。

後來，看到圓山飯店登報，招電器保護人員，同時，臺大醫院也招募人員。我去臺大醫院考試，合格了，第二天，又來圓山考，有十幾個人來考，也有國防部來的人，建築、機電樣樣都懂，很競爭，但我分數很高，考試的人問：「奇怪你怎麼懂這麼多？」我一五一十跟他講，也順利考上了，進來的薪水是四百五十塊，待遇很好，那是民國四十五年。

過了一段時間，換了祕書，新來的李祕書說我們的薪水這樣高，外面阿兵哥薪水才一百八，長官兩百五，要凍結我們的薪水。本來我要辭職，因為小孩年紀大了，吃飯食量比較大。但我辭職十次，辭呈都被丟回來。為什麼？因為官邸和全島的行館電力問題都要我去處理，雖然士林官邸請電力公司派一個工程師在那邊，但他們一知半解，沒有很內行。官邸配電我改一改，蔣夫人看了很滿意，說這個小子頭腦這麼好，叫官邸副官泡杯咖啡給我，我說：「報告夫人，我喝咖啡會睡不著覺，我喝開水就好。」她告訴我一個要領，說下午四點前喝咖啡沒關係。我那時候二十七、八歲，還很年輕。她聽我講話有口音，問我是不是客家人？我說「報告夫人，是。」她說她也是客家人，海南島客家人[3]。長久沒講客家話了，她就跟我講起客家話，講了一個下午的客家話。

3　宋美齡籍貫是廣東省文昌縣（今屬海南省）。

第二章

眼看他起高樓

山丘上的紅房子

那是一則「中央社」的新聞，標題名為〈充實臺灣大飯店設備，省府撥款百萬〉。該則新聞分兩段落，第一段寫道：「臺省政府頃已撥新臺幣一百萬元，作為臺灣旅行社經營之圓山臺灣大飯店的改建及充實設備的經費。臺灣旅行社已派常務董事兼臺灣大飯店經理徐潤勳負責設計改建及充實內容的計劃並聘請美籍專家皮奧夫人為顧問，正在積極進行籌備事宜。據徐潤勳說：省府鑒於邇來來臺遊覽之外賓日益增多，需要設備充實，招待週到之旅館甚殷，但本省現有的旅館無一家能滿足他們的需要，所以省府特飭臺灣旅行社充實臺灣大飯店設備，使其合乎國際標準藉以滿足外賓之要求。」文章交代，臺灣大飯店將更新所有傢俱，並添設電氣用具及各種裝飾。飯店建築物全部加以洗刷及油漆，新建游泳池，網球場及露天舞池等，預計三個月內完成[1]。

新聞見報時間為一九五二年五月八日。一九五二年，中華民國四十一年，歲次壬辰，龍年，中華民國政府遷臺第三年。時間倒推三年前，一九四九年，民國三十八年，那是中國近代史關鍵的一年，對蔣介石而言，也是他人生之中最屈辱、最窩囊的一年。

是年，對日抗戰方歇，國共內戰又起，國民政府節節敗退，兼以幣制改革失敗、孔宋家族弄權，民心大失，處處皆有反政府遊行。整個中國炸了鍋，一切的不滿牢騷都指向了蔣介石，朝野間逼他下野的聲浪不斷，各省省主席相繼發電報給他，「懇請蔣總統下野」，其中以剿匪總司令白崇禧話說得最為決絕：「當今之勢，戰既不易，和亦困難。顧念時間迫促，稍縱即逝，鄙意似應迅速將謀和誠意，轉告友邦，公之國人，使外力支持和平，民眾擁護和平。對方如果接受，藉此擺脫困境，創造新機，誠一舉而兩利也。總之，無論和戰，必須速謀決定，時不我與，懇請趁早英斷為禱！」[2]

蔣介石在一九四九年的第一天就過得灰頭土臉，他在開國元旦文告中表示：「願意與中共議和，商討停止戰事」，文告說得雲淡風輕，稱「個人進退出處絕不縈懷，惟國民公意是

1 《聯合報》，一九五二年五月八日，版二。
2 王成斌等，《民國高級將領列傳㈢》，北京解放軍出版社。

從」，但這一天，篤信基督的強人早上六點起床禱告之後，上午率文武百官謁中山陵後，到小紅山基督凱歌堂又再度禱告一次[3]。

眼看大勢已去，不能不未雨綢繆：五日，陳誠就任臺灣省主席，隔天他去電嘉勉，指示對駐臺空軍及其眷屬妥為安置[4]。十日，他令蔣經國赴上海告知央行總裁俞鴻鈞，要他將庫存現金移存臺灣，以策安全[5]。連月下來，他接見這個將軍，面會那個部長，似有轉戰臺灣之意。一月二十一日，他約五院院長午餐，正式宣示引退，由副總統李宗仁暫代行事，當日下午，他搭乘「美齡號」由南京飛往杭州遊憩散心，日記記曰：「為余第三次告退下野之日，只覺心安理得，感謝上帝恩德能使余有得如此引退，實為至幸。」

蔣介石期以他的下野能換取中國境內的和平，國共四月協商和平協定，分隔長江對峙，未料共軍渡江南下。南京失守，國民黨軍隊兵敗如山，流亡到廣州，廣州失守，又撤退到重慶。他恨透了李宗仁和白崇禧，在日記寫道：「情勢至此，未知李、白能有悔悟否？」

八月五日，美國發表對華關係白皮書，一千一百五十四頁的報告中，指當今局勢混亂，美國已盡最大努力調停，美國人沒錯，千錯萬錯都是蔣介石的錯[6]，蔣介石將對華白皮書視為「抗戰後最大國恥」，當日，他在普陀山視察，與幕僚行經天福庵，虔誠的基督教還為國運求籤，得第二籤中上[7]。

十月一日，北京天安門廣場冉冉升起五星紅旗，中華人民共和國成立。十二月七號，中華民國發布總統令，宣布從四川成都遷設臺灣，三天後，他從成都飛抵松山機場，這一年，他未雨綢繆，往來中國臺灣之間，或者巡匝數日，或者盤桓數月，未料十二月這一次來臺，到死都回不去了。

十六日，胡宗南棄守成都，飛往海南島榆林港，他嘆：「從此大陸軍事已絕望矣！」那年尾聲，他與蔣經國一家人一直待在日月潭散心，直到十二月三十一日。

那時候宋美齡在哪？一九四八年，蔣經國在上海打老虎反貪腐，孔家成了箭靶，那年十一月二十八日，蔣宋結婚紀念日的前四天，宋美齡隻身赴美，整個一九四九年，夫妻中美天涯相隔，只借著電報互通聲息，那一年的結婚紀念日，重慶失守，蔣介石發來一紙電報：「憾無法同慶二十三年紀念日。」

---

3 樓文淵，《老蔣在幹啥？從蔣介石侍從日誌解密一九四九大撤退》，聯經，頁二十二。

4 同注釋3。

5 十一日國庫黃金九十萬兩、銀元三千萬美金七千萬分運臺灣與鼓浪嶼。到了二月八日，樓文淵記：中央銀行第三批黃金已啟運完成，上海只留二十萬兩黃金應急，但臺灣已存二六〇萬兩、廈門九十萬兩、美國三十八萬兩，而這些經費能在臺灣實施「幣制改革」、穩定物價以及長期經濟發展的基礎。資料來源同注釋3。

6 翁台生，《CIA在臺活動祕辛》，聯經，頁三。

7 樓文淵，《老蔣在幹啥？從蔣介石侍從日記解密一九四九大撤退》，聯經，頁一五六。

下野、美國發表對華白皮書、中國失守、退守臺灣，妻子也不在身邊，一代強人在那一年遭遇困厄，只能救助向他的天父祈禱，那一年，他六十二歲，說是人生最悲慘的一年也未嘗不可，他嘆：「本人一年中的生活，所見所聞與身受各種遭遇，無非為人所唾棄，為世譏諷，恥辱悲慘，於茲為甚。」一九四八年五月二十日，他就職中華民國行憲後首任總統，當日，各地軍艦砲艇一律懸掛金艦飾，齊聲鳴放禮砲二十一響，那局面是何等風光？然而不過短短兩年的時間，一切的繁華、尊榮，大半生征戰沙場，白馬鐵騎打下的天下，如今在海的另一端盡付風中，蕩然無存。

鄭氏王朝、大清帝國、日本帝國，往昔眾征服者皆以勝利者姿態風光登島，但蔣介石不同，江山少了百分之九十九的國土面積，人口少了四億多人，大勢已去的統治者只剩下太平洋上的幾座孤島。大量中國軍民湧入，人口從六百二十四萬增加到七百五十三萬[8]，物價飛漲，通貨膨脹在這一年六月已經飆升到三四〇〇%。當年，一斗米要價舊臺幣二十四萬元，肉每斤七萬五千元，雞蛋每顆七千兩百元，且價格一日數變，麵攤吃麵，點餐時一碗十二萬，結帳就變二十萬[9]。各地謠言四起，有說臺灣就要被外國人託管了，有說臺灣馬上要獨立了，也有說共軍馬上要打過來了，孤島上人心惶惶。天不時、地不利、人不和，內心惶惶不安的統治者要穩定局勢，憑藉的唯有更殘虐的法令。

一九四九年五月，中華民國行憲後戒嚴令頒定，禁午夜外出、禁遊行、禁哄抬物價、禁攜帶槍砲武器。造謠惑眾者，死！聚眾暴動者，死！法令帶給臺灣長達三十八年的白色恐怖，一九五〇年到一九五五年之間，被關押綠島政治犯就高達一萬四千餘人（一說八千餘人）[10]，「一年準備，兩年反攻，三年掃蕩，五年成功」的口號在孤島上喊得震天價響，除基隆、高雄、馬公等港口，海岸線封鎖，所謂反共堡壘，無非是座固若金湯的大監獄，故而文章開頭一九五二年的新聞稿寫「省府鑒於邇來來臺遊覽之外賓日益增多」，對照現實情況，顯得有點刺目。

該新聞稿第二段寫道：「臺灣大飯店原為臺灣旅行社直接經營，該社為適應現實需要，決暫准該飯店，獨立經營，由臺灣旅行社董事會派常務董事徐潤勳兼任經理，負責經營。」新聞帶到一句臺灣大飯店「獨立經營」，等於是宣告了圓山飯店的誕生，後來，圓山飯店官網提到圓山飯店的生日，都從那一年那個五月開始算起。

8 一九四五年臺灣光復後，接收日本在臺奠定的工業基礎，與中國大陸其他省份相較，並不算落後，但戰後公共設施破損，原料、電力缺乏，工業水準僅一九四一年的五十九％，然而此時大陸軍民大量湧入，造成臺灣人口急劇增加。根據統計，一九四六年，臺灣總人口是六百二十四萬，一九四九年已增加到七百五十三萬，對經濟造成沉重壓力。

9 〈「四萬換一元」臺灣人永遠的痛〉，https://ec.ltn.com.tw/article/breakingnews/3286646。

10 林孝庭，《蔣經國的臺灣時代》，遠足，頁五十七。

究竟是什麼現實考量需要讓臺灣大飯店改組圓山飯店？這個徐潤勳又是何方神聖？在白色恐怖的年代，訊息匱乏、禁止人民自由思考，在上位者不想讓老百姓知道的事，老百姓就不應該問。當然，我們現在在網路上Google「圓山徐潤勳」，就會知道他是蔣宋美齡祕書在上海「聖約翰大學」的同學，所謂現實的需要，自然就是中美關係破冰，兩國關係進入新的蜜月期，外國人來臺的人數激增，需要一個宴客的場所來見證蜜裡調油的外交關係。

一九四九年八月，美國國務院發表對華白皮書，等於和蔣介石劃清界線了，美國政府的對外援助預算書，已將中華民國除名。一九四九年，蔣介石流亡到臺灣，各國使節與他共進退的，一隻手數不出幾個人。當時，臺灣島上沒有美國大使，只有一個二職等小祕書，跟著來臺的使節，美國大使藍欽說：「每個人的手始終留在手提箱上，隨時準備撤退。」「美聯社」記者慕沙在一封發自臺北的外電形容：「一種危機逼近的感覺正瀰漫著臺灣，雖然國民政府信誓旦旦保衛臺灣，但避居此間的大陸居民並不這樣認為，有數千民眾渴望撤離此一被共軍威脅的島嶼。」[11]

外交官張超英的父親反日，戰後將宮前町九十番地的老家（今中山北路二段，臺泥大樓）借給了軍統局局長毛人鳳和其部屬、家眷當宿舍。局勢晦暗不明，某日，毛人鳳告訴了張超英祖父：「張先生，我們準備了船在宜蘭。」那意思是說，要是出狀況了，他們可是要跑掉了，張超英祖父是做煤礦生意的，家大業大，深恐共產黨一來全家遭到清算，便將家產賤賣了，舉家移居香港[12]。

孤島如太平洋上一葉扁舟，詭譎國際關係掀起一個小小浪頭都可以將之吞滅，島內的人千方百計想逃，但宋美齡回來了。

一九五〇年一月十三日，她飛抵臺灣。蔣介石日記記曰：「迎夫人到桃園機場。」隨即公事公辦地記載他如何「聽取」美齡的「報告」，講美國的工作和今後的布置。文字沒記錄下來的是擁護者蜂擁至機場迎接的熱烈畫面，危機存亡之秋，強人之妻居然返國共赴國難，這令國民黨士氣大振。

那一年六月二十九日，上午八時左右，臺北街頭響起刺耳的防空警報聲響，荷槍實彈的軍警一臉嚴肅，街上人民面面相覷，倉惶失措，以為共產黨打來了。那個上午，臺灣上空有二十幾架飛機列隊飛過北臺灣上空，然而那並非解放軍的飛機，而是從在臺灣海峽巡弋的第七艦隊起飛的美國飛機[13]。

11 翁台生，《CIA在臺活動祕辛》，聯經，頁二。
12 張超英口述，陳柔縉執筆，《宮前町九十番地》，時報，頁六十九。
13 同注釋11。當時臺灣的防空系統雖有一套所謂的敵友辨識器，但發現了飛機逼近，卻無法判定來機是敵是友，其時，美方也曾密電臺北當局，但駐臺的海軍聯絡官度假打高爾夫球去了，電報就在他桌上擺放了一整天。

時間倒推四天前，北韓金日成憑藉蘇聯與中共撐腰，揮軍越過北緯三十八度線，進攻南韓，其攻勢凌厲，南韓政府完全無力招架，朝鮮半島面臨全面赤化的危機。美蘇兩大強國在朝鮮半島上交鋒，原本被美國棄之如敝屣的臺灣，因為其太平洋島鏈上的戰略地位再度被重視了。該年一月，美國總統杜魯門本來在一項聲明承認中國對臺灣享有宗主權，美國對臺灣沒有任何佔領的企圖，也沒有在臺灣建立軍事基地的野心，但韓戰一爆發，杜魯門立刻宣布第七艦隊協防臺灣。權力的遊戲，蔣介石再度上了牌桌。

遠東盟軍總司令道格拉斯．麥克阿瑟（Douglas MacArthur）七月底從東京飛抵臺北，與蔣介石共商軍事大計。

上邦之國來了大人物，其時，鐵道飯店已炸毀，圓山飯店還叫做「臺灣大飯店」，只是一棟擁有三十六間客房的兩層樓簡陋建築，蔣介石拿不出什麼體面的飯店款待，只能安排麥帥下榻草山行館。四六年到四九年，蔣介石往來臺灣，多半住在該處，招待貴賓入住其實也夠稱頭了，但事後卻遭外國媒體嘲諷，中華民國接待外賓，也只能拿日本人所遺留下來的房子待客，蔣介石看到報導不是滋味，心裡有了「國家要自己創建一家國賓館接待友邦元首及政要」的念頭，然而，美國友人需要的是一個什麼樣的國賓館？自然，這個任務就落在留美的宋美齡身上了。

• 第一代圓山飯店主體建築與游泳池，秋惠文庫提供。

「臺灣大飯店」當年是臺灣省政府產業，省政府撥新臺幣一百萬元修繕圓山飯店，其時，新臺幣對美元匯率，一美元兌換十四元新臺幣，在一碗湯麵兩塊錢的年代，斥資一百萬整修飯店不啻為天價。飯店五月大興土木，未料在施作游泳池的過程中，卻發生泥土崩塌，造成工人一死一重傷[14]。

有民眾得知新設游泳池只供外國人使用，投書〈洋化飯店我觀〉到《聯合報》[15]，批省政府媚外，讓人聯想到狗與中國人不准進去的上海租界。徐潤勳跳出來否認了：「凡本市中外居民，只須取得指定醫師之體格證明，並依章繳費入會為會員，即可前往游泳。」他稱目前已有不少本國人士加入為會員[16]。霜木君對此說法顯然不買單，隔天又寫一篇〈馬桶與洋化〉，說當馬桶、浴盆為暫停進口物資，管制物資，痛罵圓山申請外匯買馬桶浴缸違法亂紀，「你我老百姓自然無此需要，其可能的理由，唯有為了『仰體』一般『洋風』，不得不早為儲備『物資』，用作『調節』，以免全盤『洋化』的場合，獨缺了洋化的『馬桶』和『浴盆』，遺笑大方，弄得『賓至如歸』而猶有『拉』『洗』之苦。」[17]口氣極盡奚落之能事。

然而飯店經理徐潤勳是宋美齡的人馬，美籍專家皮奧夫人（Sue Buol）是陳納德的同事，是宋美齡的舊交，極權的年代裡，老百姓輿論輕如鴻毛，唯有蔣夫人懿旨重於泰山。上頭要蓋飯店，下面當差辦事的只能全力以赴。朱剛為圓山老臣子，如此回憶當年百廢待興的情況：

「當時臺灣進口管制很嚴格，圓山飯店有些特殊需要，都要經過特別安排才能辦好。比如當時『金龍廳』需要一塊有中國色彩的高級地毯，需要天津產的羊毛地毯，必須總統府批准，才能進口。飯店需要洋煙洋酒，依法公賣局不准。變通辦法就是成立『圓山俱樂部』，採取會員制度。以俱樂部的名義可以進口洋煙酒，但是只能在俱樂部內供會員消費。飯店需要紐西蘭高級牛排，可以從美軍的PX（美軍福利社）買，但是要總統府批准。飯店用水從圓山山下抽取，由於用水量很大，影響山下居民供水，需要跟政府單位和居民協調。還有省議會出錢投資飯店擴建，需要到省議會說明，這些對外交涉的事都是徐潤勳經理負責。

「當時圓山的客人以美國人為主，有外交人員、商人和軍人。圓山飯店餐廳提供美食，美酒和菲律賓熱門樂隊，並有游泳池和露天舞池等娛樂設施。飯店的廚子都是從各地聘來。例如Sue Buol打聽到原先上海『采芝齋』的廚子在香港，於是聘用他，出旅費將他們全家接

14 〈游泳池泥土崩塌壓死工人王永貴〉，《聯合報》，一九五二年六月二十三日。
15 〈洋化飯店我觀〉，《聯合報》，一九五二年八月二十五日，版六。
16 〈圓山游泳池 只須繳費就可享〉，《聯合報》，一九五二年八月二十六日，版四。
17 〈馬桶與洋化〉，《聯合報》，一九五二年八月二十八日，版六。

・第一代圓山飯店游泳池旁的事務所，秋惠文庫提供。

到臺灣；廣東師傅聘用衡陽路一家廣東餐廳主廚；餐廳領班（captain）姓李，曾經在英國船上工作，有西餐廳工作經驗。當時還有一個receptionist Angela陳，英文說得不錯的，負責餐廳宴會的訂位工作。後來她自己經營的西餐廳，生意不錯，乃離開圓山。之後招收了一批年輕女員工，多半是中學畢業的本省人，由我教她們簡單英語，在餐廳做招待工作。在美國軍隊中，軍官（officer）和士兵（enlisted man）的娛樂設施是分開的，在圓山飯店的酒會和宴會同時可以接待軍官和士兵，是當時少有給外國人休閒和社交場所。當時圓山飯店享有特權，不用交稅，賺了錢投入擴建，包括『金龍廳』和『翠鳳廳』，在我到美援會工作之前已經蓋好。」[18]

紅房子背後有宋美齡垂簾聽政，要風有風，要雨得雨，三個月內如期整修完畢，飯店十一月盛大開幕，第一場派對是陳納德與陳香梅的酒會，「民航隊董事長陳納德將軍夫婦為慶祝中央中國兩航訟案勝利並與各界朋友會晤，特於昨（十九）日下午五時半至七時半假圓山大飯店舉行雞尾酒會。陳納德將軍夫婦由其高級職員陪同在大廳熱誠招待嘉賓，情況甚為歡愉。蒞會道賀嘉賓有陳誠、王寵惠、吳鐵城、何應欽、張道藩、賈景德、王世杰、張厲

18 《朱剛回憶錄》，https://www.slideshare.net/pete451f/ss-31641416，頁十二。

生、白崇禧、吳國楨、周至柔、郭寄嶠、賀衷寒、黃季陸、嚴家淦、張茲闓、田炯錦、胡慶育、沈昌煥、鄭彥棻、桂永清、孫立人、王叔銘、馬紀壯、黃鎮球、彭孟緝、賴遜岩、各國使節美援機關高級人員及新聞界人士三百餘人。」[19]

人稱「飛虎將軍」的陳納德是蔣介石和宋美齡的老朋友了——中日戰爭初期，蔣介石為壯大空軍，籌辦航空委員會，因借重宋美齡的外語能力，找了妻子當委員會祕書長。一九三七年，宋美齡找來了美籍退役軍人陳納德組織美國志願航空軍（即飛虎隊），參與中日戰爭。戰後，他在蔣介石的撐腰下，成立民航空運大隊（Civil Air Transport，簡稱ＣＡＴ），負責美援物資的運送，國共內戰時又兼任國府軍需與人員的運補。四九年，中國與中央兩家航空公司投共，蔣介石扣押兩家航空公司停在啟德機場的七十一架飛機。陳納德向蔣介石獻策，提出購買兩家航空，由他出面打官司爭取產權。訴訟案件牽涉到中共、國民政府、美國與英國，四方勢力。圓山飯店的派對即是慶祝糾纏了三年的訴訟案之勝利。

孤島上最有權勢的人都在這場派對了，陳誠是副總統與行政院長，吳國楨是省主席，孫立人是陸軍總司令，王寵惠是司法院長、嚴家淦是財政部長……黨、政、軍高層皆是代表蔣介石而來，為了陳納德，也為了陳納德背後的大老闆ＣＩＡ而來（即美國中央情報局）。

ＣＡＴ能打贏國際訴訟官司，全仰賴背後有ＣＩＡ的支持。而ＣＩＡ之所以出手干預，用意乃希望藉由陳納德的機隊拓展遠東地區的活動空間，那個「保密防諜人人有責」喊得震天價響的年代，也是美國情報人員在臺最活躍的年代，其時，ＣＩＡ在臺灣還有一個外圍組織叫做「西方公司」，以船務公司在「國賓飯店」對面，訓練突襲大陸沿海的情報員[20]。朱剛回憶，國民黨深恐共產黨滲入臺灣，也要求圓山飯店員工接受保密防諜訓練，在飯店監視顧客。

時代的氣氛是肅殺的，然而紅房子裡的音樂如此熱鬧，氣氛如此歡騰，被監視與否，對賓客們其實是不在乎，「鋼琴手是菲律賓大學老師，很得美國太太歡心。有時美軍太太也上台唱歌，由樂隊伴奏。除此之外，我們跟美國軍官俱樂部（Officer's Club）及士兵俱樂部（Enlisted Men's Club）商量好，他們邀請演藝團體來臺表演時，圓山飯店分擔一部分經費，請他們順道在圓山演出。安排演出的團體記得有Benny Goodman Band，Debby Reynolds等。

19 〈陳納德夫婦定期舉辦酒會〉，《聯合報》，一九五二年十一月十八日，版二。

20 「西方企業公司」（Western Enterprises Inc. 簡稱ＷＥＩ），據美方情報人員回憶錄指出，ＷＥＩ直屬於ＣＩＡ的「政策協調處」（ＯＰＣ），與「特別作業處」（ＱＳＯ）平行的單位，早先倡議成立這個組織有為人熟知的蔣宋美齡、飛虎將軍陳納德、中情局長艾倫杜勒斯，特別招募二戰期間在中國戰場活躍的情報高手，並借調具備游擊、心戰、情報、兩棲作戰的美軍軍官所組成。韓戰期間，美國國安局（ＣＩＡ）以「西方公司」名義，在部分借調美軍隨同下，派員進駐馬祖，表面上是蒐集共軍情報，但實則是與軍方合作組訓我方的游擊隊，襲擾大陸東南沿海，進行心理作戰，牽制中國大陸在韓戰戰場上的軍力與注意力，美國的星條旗曾一度在馬祖飄揚。

還有一個南美舞蹈團，主角叫Zee Bomb，到士兵俱樂部演出，我也請到圓山表演，沒有想到她演出的是脫衣舞，事後總統府來電查問。」[21]

是的，那個Debby Renold，就是《星際大戰》中，嘉莉．費雪的母親黛比雷諾，她演完《萬花嬉春》的隔年曾到紅房子跳《Singin' in the Rain》。Zee Bomb，當時的報紙翻譯成「Z彈瑪葛」，舞蹈豔星來臺獻藝的新聞，記者簡直採訪當作黃色小說來寫了：「Z彈瑪葛小姐記者無以名之，總之，八十歲的老翁看了也定會生出世上所有荒謬的幻想，她的歌記者也無法翻譯，因為她的歌聲聽起來只是一片呻吟聲。她以英文最末一個字母做廣告，看了她一場舞後，令人感覺到天旋地轉，以為末日將臨。當這位二十四歲纖腰（二十三吋），酥胸（三十六吋）的中美Z彈，昨晚八時半在熱情的樂聲鼓聲中突然衝到美軍六十三俱樂部的舞池中時，一百多美國大兵不知是要高呼的好，還是嘆息的好，全場頓時陷入騷亂的情緒中。一縷粉紅色的輕紗摟著她的酥胸，另一縷輕紗圍著她的玉臀，她的舞絕大部分是集中在她嬌軀的中部，其左右前後上下扭動的速度足與噴射式機比美。而且每一支舞都是從開始扭到結尾，在她超音速的搖擺中，全場觀眾就像被這雙Z彈炸得受了重傷式的呻吟不絕。她唱歌的調子，歌詞毫不含蓄地象徵著她所要表達的意思。她唱歌的姿態也與眾完全不同。麥克風不是立在她前面，而是被扭在她兩腿之間，同時，她嬌軀中部潔白晶瑩的肌肉也隨著她呻吟歌聲不斷輕輕的顫動，或暴風雨式的旋轉。沒有人懂得她南美情歌的歌詞，也沒有感覺有懂得的必要。這位黑髮黑眼像條野貓的肉彈，從南美、中美一直扭到日本、香港、臺灣，在臺灣卻只有美國軍人與圓山大飯店的高等華人飽了眼福，如果她的豔舞拍成電影的話，恐怕沒有一寸能逃過電檢處無情剪刀。」[22]

紅房子裡歌舞昇平，或者應該說對那些賓客們而言，被監視反而是安全的。當年，紅房子維安做得滴水不漏，裡面房間一層，門口第二層，大門口還有第三層，山下美軍俱樂部、中山北路又一層，路上賣地瓜的小販都沒人光顧，因為那也是維安人員喬裝的，「那時候總統每天走中山北路、南京東路上下班，兩邊人行道不能走人，有一個老阿伯不懂，看沒人走，就騎腳踏車過去，被抓起來，家裡的人一直沒找到。那時候思想偏歪了都會很慘。有些人都會故意講國民黨壞話，套你的話，」飯店維修室主任劉興明回憶過去，還是無限感傷：「朝代不一樣囉，現在小孩命真好，你跟他們講阿公時期的事，他們聽不懂，也不想聽，說那是你的代誌，講到過去掉眼淚，他們還覺得你莫名其妙。」

那是一個寧可錯殺一百，不可錯放一人的年代，一九五七年，美國駐臺大使館掌握一份

21 《朱剛回憶錄》，https://www.slideshare.net/pete451f/ss-3164l416，頁十二。

22 〈Z彈瑪葛歌舞有如末日將臨〉，《聯合報》，一九五五年十月十七日，版三。

情報，顯示過去一整年來，約有一百三十名政治犯遭國府當局處決，另外有七百九十五名遭監禁。孤島的夜空彷彿撒下了一張無形的大網，濫抓無辜，然而夜愈黑，山丘上紅房子的燈火愈輝煌。

白色恐怖的年代禁歌禁舞，城市的暗夜有政治受難者家屬哀哭，唯獨紅房子笑聲不絕，外交官或美軍舉行酒會，客人乘轎車前來，歌照唱，舞照跳，派對狂歡直到天明。

第三章

聖誕老人進城記

美國總統艾森豪
與1426房

上午十點鐘，一輛直升機緩緩降落在松山機場。

蔣介石步出座車，站在停機坪上等候著，他身著軍裝，一臉肅穆。一名頭戴巴拿馬草帽，身著灰色西裝的男人滿面帶笑自直升機走下來，蔣介石向前走了幾步，穿西裝的人見著了他，伸起右手行軍禮，蔣亦回敬軍禮，恭恭敬敬[1]。

穿西裝男人是美國總統艾森豪。

尼克森、雷根、柯林頓……歷年訪臺的美國總統不少，但以現任總統身分造訪臺灣的，也唯有艾森豪一人了。那一天一九六〇年六月十八日，那一年，是艾森豪任期最後一年，任期只剩七個月，其時，亞洲局勢動蕩不安，越南政局混亂，整個中南半島有赤化的可能。南韓總統李承晚下台，政府體制在美國大使館介入下，改為總理制，朴正熙掌政，旋即發動政變，又將韓國改回總統制。艾森豪此次訪問亞洲盟國，頗有收拾善後，展示美國老大哥在西太平洋軍事實力的意味[2]。

艾森豪於一九五三年到一九六一年任職美國總統，反共立場鮮明，首次競選即喊出「朝鮮、共產主義、貪汙」的競選口號，美國從一九五一年至一九六四年，提供臺灣高達十五億美金的經濟援助，其中十億來自艾森豪任內的八年。國民黨政府把大部分經費花在硬體建設與人才培育上；蔣介石在臺灣主政前九年，勞工薪資成長十六倍，美援居功厥偉[3]。

而那一年也是蔣介石第三個任期開始，那年三月，國大修訂臨時條款，凍結憲法總統任期限制，與會代表爆發肢體衝突，國會對蔣介石的連任是有些雜音的，雷震《自由中國》屢以評論反對他的三度連任，四月下旬，雷震與李萬居、高玉樹等人在臺灣縣市長與省議員選舉結束後，宣布組織「地方選舉改進座談會」，跨出籌組政黨第一步，隨後在全臺各地舉辦

1 《民族晚報》，一九六〇年六月十八日，版一。

2 艾森豪總統是在卸任之前，展開東亞之行，原本計畫訪問日本、韓國、中華民國以及菲律賓四個東亞友邦，但因日本左派經常舉行示威活動，手段激烈，暴動事件仍頻，因此在日本政府的建議之下取消日本之行，最後只訪問了韓國、中華民國以及菲律賓三個友邦。

3 林炳炎，《保衛大臺灣的美元》，三民書局，頁十六。

座談會，聲勢浩大，與執政當局呈現劍拔弩張之勢。蔣介石急需美國老大哥的背書，為自己連任找一個正當理由，此時，蔣介石站在機場恭敬地看著艾森豪，和一個孩子看待聖誕老人的眼光其實也沒什麼不同。

外交官張超英是當年的新聞聯絡官，他讚嘆美國人做事的按部就班，每個環節精確無比，行程表寫著幾點幾分會有多少飛機抵達機場，他低頭看錶對時，再抬頭仰望，轟隆隆，十幾輛直升機飛入臺北上空，如同蝗蟲壓境，天空頓時黑了一半。幾點幾分，艾森豪該從飛機下來，蔣介石幾點幾分該從座車走出來，走幾步路去迎接，幾分的時候應該握手，一切按表操課，時間掌握得分毫不差[4]。

兩國元首登上臨時搭建的禮台，鳴禮砲二十一響，二十一架神鷹掠過機場上空，向國賓致敬，樂隊演奏兩國國歌。蔣介石陪艾森豪檢閱三軍聯合儀隊，接見在機場列隊歡迎的文武百官、外交使節、西藏、蒙古代表以及海外華僑等。隨後，臺北市長黃啟瑞把裝在朱紅盒子的「臺北市金鑰」一把，贈送給艾森豪。

十點四十分，禮成。艾森豪與蔣介石同登禮車，駛離機場，兩人在二十四輛摩托車、四輛吉普車護送下，進入市區，走敦化路、南京東路、中山北路，於十一點抵達圓山飯店。萬歲萬歲之聲不絕於耳，沿途處處舞龍舞獅、樂隊演奏，彷彿廟宇慶典，神明遶境。在禁止集會遊行的年代，這是人民唯一可以走上街頭狂歡的時候了。蔣介石在日記記曰：「歡迎艾克之群眾行列及其沿途與樓頂上之人海情形，有秩序，有組織，又熱烈得未曾有，估計總在十五萬以上之人民，做最熱忱與自然之歡迎。」

當日《民族晚報》旋即以頭版頭條報導了艾森豪訪臺的新聞，〈中美邦交展開新頁，艾森豪今蒞華，總統率文武百僚迎候於機場〉，報頭下方還有一枚方框以書法寫著：「歡迎艾森豪並致敬意」，斗大的書法與新聞標題字體套紅，紅通通一片，乍看如一張喜帖，導致喜訊下方處共軍砲打金門的消息完全被淹沒了——軍方在機場大鳴禮砲二十一響，對岸也不忘放「禮砲」送往迎來，六月十七日到十九日，中共解放軍對金門共猛烈發射十七萬發砲彈。

人群從松山機場排到總統府，從總統府排到圓山大飯店、排到士林官邸。萬眾一心，薄海騰歡的迎賓大戲當然是再三排練，反覆練習。早在十天前，臺北市的七十多個民間團體組織「中華民國各界歡迎美國艾森豪總統大會籌備會」，大會上決定艾森豪來臺那兩天，臺灣鐵路局調配五線車廂，免費接送臺北鄰近縣市民眾來迎送艾森豪總統。所有機關和學校的樂隊、民間樂社、舞龍、舞獅、高蹺等，都將出動，參加迎送的人中，除一般民眾外，學生、

4　張超英口述，陳柔縉執筆，《宮前町九十番地》，時報，頁一一六。

• 右：艾森豪來臺，民眾夾道歡迎，國史館提供。
• 左：艾森豪來臺之歡迎國宴，國史館提供。

工人和公教人員，十八日一律公假，二十日將可補假一天。

艾森豪入圓山飯店休息，下午兩點半，他到忠烈祠向中國革命先烈獻花，三點抵達總統府，總統府記事記載：「美國總統艾森豪搭機抵華訪問，先生親至機場歡迎。下午三時，在總統府正式舉行談話，就整個世界反共情勢，及共產主義的滲透與經濟侵略所發生之影響交換意見。」蔣介石日記寫道：「詳告以俄、中共的最近實質內容，相談甚得。」

五點，蔣介石與艾森豪現身總統府廣場發表演說，這天下午，艾森豪總統在總統府前對幾十萬臺灣民眾發表演說[5]，稱臺灣人代表的是繁榮富庶的偉大中華民族，是世界上最悠久、最光榮文化的繼承人，可以藉著新知識和新技術，掌握增進人民福祉的機會，這種進步最後將決定占世界總人口四分之一的全體中國人民的命運。演講完畢，成千上萬顆氣球冉冉而升。是夜，蔣介石在總統府大禮堂舉行國宴宴請艾森豪，相談融洽。

《中央日報》對當晚國宴有詳細的報導：「蔣總統夫婦十八日晚在總統府大禮堂以國宴款待美國總統艾森豪和他的高級隨行人員，同時邀了中國政府首長、各界領袖和外交團作陪，賓主有一百一十人。中美兩國元首在宴會中都曾致詞並舉杯互祝。艾森豪總統於八時五分抵達總統府，蔣總統夫婦接待他先進餐前酒，宴會於八時半開始，有中廣公司的國樂團演奏，以娛嘉賓。艾森豪總統在宴會中坐在蔣總統的右手邊，蔣夫人坐在艾森豪總統的右手邊，依次是艾森豪總統的公子約翰艾森豪中校、外交團團長菲律賓大使夫人、立法院長張道藩、美國大使莊萊德。在蔣總統的左邊，坐著艾森豪總統的兒媳約翰艾森豪夫人、依次是陳副總統、張群祕書長、司法院長謝冠生、白宮新聞祕書長哈格泰。國宴禮堂上的布置是首席後面擺了許多花和長青盆景，牆上有中美兩面國旗。」[6]

那是臺灣外交史的巔峰，也是圓山飯店營運史上的第一個高潮。那並非說紅房子過往欠缺款待外國元首的經驗，兩年前，伊朗國王巴勒維是蔣介石政權來臺後第一個造訪的外國元首，下榻的飯店是紅房子，接踵而來的是約旦國王胡笙、菲律賓總統賈西亞、越南總統吳廷琰。圓山老員工朱剛回憶：「我在圓山飯店工作時，曾經接待過當時美國副總統尼克森、洛克菲勒、約旦國王，和一九五八年來訪的伊朗國王巴勒維。洛克菲勒和他兩個侄女很平民化，拒絕住套房，入住普通房間。尼克森夫人曾在『金龍廳』舉辦酒會。蔣總統夜宴巴勒維時請了李棠華雜技團表演。當時伊朗國王巴勒維還是單身，出手極大方，離開時給整理房間

5　艾森豪演說全文：「自由中國已有一個機會，同時也有一種責任，向開發較慢的國家提出一個國家在自由中求取經濟發展的道路。你們與大陸上所實施的殘忍共產方法相比，已能表現出一個國家無須犧牲其最寶貴的傳統而發展經濟，並增進人民的福祉。各位所代表的是繁榮富庶的偉大中華民族，各位是世界上最悠久、最光榮文化的繼承人，各位自由的中國人民能為人類前途擔負一項傑出的任務，即藉著新知識和新技術，掌握增進人民福祉的機會。這種進步最後將決定占世界總人口四分之一的全體中國人民的命運，此一偉大的任務。」

6　《中央日報》，一九六〇年六月十九日，版二。

的小弟一千美金小費。」當時，臺灣人均GNP（國民生產毛額）低於兩百美元，整理房間的小弟得了一千美金小費，無異於一般人五年的收入。

但要論隨從、參訪陣容聲勢之浩大，艾森豪還是中華民國史上第一人，隨著他來訪的，有二十六位美國官員和六十六位隨行記者。當時圓山飯店有一百個房間，整個訪問團就包下九十個。除了總統府、士林官邸與蔣介石會談、忠烈祠獻花等行程，艾森豪泰半時間都待在圓山行館（現今的「金龍廳」1426房），上邦之國來了貴賓，報紙爭相報導他的一切，讀者們可以知道他的房間鋪上了紅地毯，客廳牆上掛著四幅菊花國畫，擺了深褐色的沙發，玻璃茶几上有粉紅色的玫瑰。角落有一個落地的電唱機。臥房的雙人床是深褐色，床頭有山水國畫，靠牆的五斗櫃上有鮮紅的菖蘭[7]。

讀者也知道他抵達圓山，第一餐吃中國菜，「雖然不會使用中國筷子，但他的食量不錯」[8]，當晚國宴結束回到房間是十時三刻，隔天六點起床，從窗子向外眺望了一下圓山下淡水河的風光，然後便和他的兒子、兒媳在自己的房間用早餐，吃了一塊小牛排和一片土司。困在孤島上的人難免渴望來自他方友誼和愛，報紙也樂於提供艾森豪在臺灣的種種細節，讀者們發現決定孤島命運的人，言行舉止無異於平凡人，因此更感動了。十九日清晨，艾森豪與蔣總統在官邸旁的「凱歌堂」作完禮拜，一道從花徑中走回官邸，「他告訴蔣介石，這次在自由中國所看到的歡迎人群，不但咧開嘴笑，眼睛也在笑！因此他體驗了這份真誠的偉大友誼。」[9]

做完禮拜後，兩人隨即在官邸舉行第二次會談，雙方並發表《聯合公報》，重申兩國政府決心繼續在《中美共同防禦條約》下，堅強團結合作，共同抵禦中共之挑釁，並譴責中共炮轟金門之野蠻行徑。艾森豪並對中華民國近年來各方面的進步，表示美國人民讚佩之忱，並保證美國將繼續提供援助。

發表公報後，艾森豪搭機離臺。隔天，蔣介石於總統府反覆地看新聞影片，「亦覺情形頗佳」，日記中寫道：「歡迎艾克之程序與動作一切皆佳，除在廣場群眾大會上聲音吵雜，鼓掌與擴音不能合節之外，其餘可說完全成功。」艾森豪來臺那一天，應該是蔣介石來臺後最風光的一天了，一九四九年，美國發表《對華白皮書》，把他當落水狗一樣地奚落，但今時不同以往，這一天，老大哥來訪，和他共同發表了《聯合公報》，重申落實《中美共同防禦條約》。兩人因有共同的敵人而結盟——艾森豪反共，他之所以能當選，主因在美國社會

7 《中央日報》，一九六〇年六月十九日，版二。
8 《聯合報》，一九六〇年六月十五日，版二。
9 同注釋6。

陷入「紅色恐懼」、民意一度厭棄親共的杜魯門。一度，因為美國輿論與盟國反對，艾森豪對蔣介石施壓，要他撤軍金馬，但蔣介石人如其名，其介如石，不為所動：「金門沒了，臺灣守不住五個月。」等於打了老大哥一巴掌。但隔年八二三砲戰，美國還是全力援助蔣介石，因為艾深信金門失守，蔣就會垮台，臺灣接著完蛋，美國在太平洋的防禦就會受挫。

蔣介石也深知他對艾森豪有利，有美軍作後盾，他有恃無恐，第三個任期開始不到三個月，他下令逮捕雷震和《自由中國》工作人員，雷震被控「知匪不報」和「連續以文字為有利於叛徒的宣傳」，此時，孫立人已經被軟禁，白崇禧、顧祝同、薛岳遭杯酒釋兵權，都在冷宮裡成了待退弟兄。國府退守太平洋上的孤島，但此時此刻，他仍舊是聯合國五強。一九四九年，他在絕望的時候時時刻刻仰望天父，日日祈禱，祈求天父給他安慰和力量，經書上說「不可崇拜偶像」，到如今，他變成孤島上最大的偶像，他的銅像無所不在，每個縣市最寬敞的馬路以他之名，紅房子彷彿宮殿，成了蔣氏王朝最氣派的客廳，佔據圓山山頭，閃閃發光。

第四章

圓山殺人事件

來自美國的蘋果：紅房子軼事

黃春明小說《蘋果的滋味》寫建築工人遭美國上校駕駛的賓士車所撞，被送進美國人經營的聖母醫院。妻小得知消息，一路哭進醫院。一家人在醫院四下張望，發現醫生的衣服鞋襪是白色的、病床是白的、房子與窗子是白的，連尿尿的地方也是白的，以為那就是人家說的白宮了。建築工人被撞斷腿，明明是衰事，但得知車禍賠償金足以讓家人豐衣足食，工人快樂得好似過新年，在旁斡旋的警察也說：「這次是你運氣好，被美國車撞了，要被其他的車撞了，現在可能是倒在路邊，蓋草蓆了。」一家人高高興興吃著美國人送來的蘋果與牛奶，病房裡一點聲音也沒有，只聽得啃蘋果清脆的聲響此起彼落，咬到蘋果的人，一時也說不出什麼，總覺得沒有想像中的美味，但想到一只蘋果可以換四斤米，只得告訴自己那是全天下最美妙的滋味。

「酸酸澀澀，咬起來泡泡的有點假假的感覺」，要說小說中蘋果的滋味就是美援的滋味其實也無可厚非。因為韓戰的緣故，臺灣在太平洋的戰略位置提升了，一九五一年五月一日美國「軍事援助顧問團」駐臺，三年後國府在華盛頓簽訂《中美共同防禦條約》，美軍在臺成立「駐臺美軍協防司令部」，此時，在臺美軍有五千餘人，隨行眷屬約四千人，皆享有外交豁免權。至越戰時期，駐臺美軍高達三萬人，臺灣美軍的後勤中心，由臺灣提供軍事基地、輜重補給、裝備修護；因地近越南，又在臺灣設立「官兵度假中心R＆R」（Rest and Relaxation），當時，美軍有所謂「休息復原計畫」（R&R Program），即作戰滿三個月，可擁有五天海外休假，太平洋上的城市任選，機票免費招待。拜此計畫所賜，美軍來臺度假由越戰開打初期的二萬餘人，在四年內激增到十七萬人[1]。

其時，中山北路的酒吧一家一家的開，時時可見美國大兵擁著吧女嘩笑過街的情景。一九六七年，美國《時代雜誌》策劃「在越南的聖誕節」專題，介紹美軍的亞洲各大度假城市，文章對臺灣的描述並不怎麼體面：「臺北除了故宮收藏豐富外，只有少數文化景點，卻

1 〈CIA在臺灣〉，《聯合晚報》，二〇一四年三月九日。

因為有柔順女人和精美食物，入選為美軍渡假城市。」報導中一張美國大兵與雙姝在北投泡湯共浴的照片，無異在臺灣男人的自尊心上狠狠踩了一腳，蔣介石震怒下令徹查。而蔣介石大動肝火的原因也許並非文章醜化臺灣，而是記者像是揭露國王沒穿衣服的小孩，揭露了赤裸真相——美國大兵與臺灣少女、男與女、金援與被金援，那是原始的性關係，又何嘗不是那幾年的臺美關係？

一九五五年五月九日，少婦黃瓊芳伴隨一高大威猛的外國男子來到了紅房子，旁人大概也抱持著既豔羨又惱怒的心態來看待這一對男女。黃瓊芳身邊的男人是她的丈夫，叫安諾德（Henry W. Anot），在民航隊高雄供應處擔任技士，黃瓊芳住香港，飄洋過海來探親，丈夫選了氣派圓山飯店一敘別情，顯見是砸了大錢，但兩天後，安諾德開車載著黃瓊芳上陽明山看風景，在半途中將她推落山谷，並在羈押的過程跳樓自殺。

消息見報，舉國轟動。報禁的年代，新聞沸沸揚揚刊了好幾天，日日都有新進度，記者在報導中加油添醋，老百姓也樂於把社會新聞當作連載小說來看，跟著活靈活現的文字，也跟著參觀了天子腳下的圓山飯店一遭[2]。

一九四九年，十八歲的黃瓊芳在廣州法商學院讀書，經友人介紹，認識了在善後救濟總署工作的安諾德，四十一歲的安諾德高大英俊，薪水優厚，黃女大為傾心，亂世中，兩人倉促成戀，遷居香港貸屋而居，三個孩子亦相繼在港出生。當年，陳納德民航隊在臺開張，安諾德謀得一個技師工作，到高雄任職。夫婦睽違兩地，安諾德若有長假，便搭機飛港與妻兒團聚。

民航隊因陳納德與蔣介石交好，背後大金主又是CIA，安諾德金飯碗也算捧得牢靠了，建議妻兒遷來臺灣安居，他可在高雄或臺北買房，一家團圓。黃瓊芳那時身懷六甲，心想待產孕婦乘機坐船不便，便與丈夫說等孩子生下之後再做打算。半年後，黃瓊芳產下一女，去信與夫君說她可以去臺灣了。未料安諾德此時對搬家之事不置可否，黃瓊芳發現丈夫寄來的安家費短少了，也不大回家了。丈夫行為有異，妻子自然疑心到另外一個女人來，黃瓊芳在臺親友眾多，便請他們從側面打聽，終於知道了安諾德在高雄與一中文打字員徐小姐走得很近，只得帶著三個小孩來臺宣示主權。

母子四人下榻於火車站旁的鐵路飯店，黃瓊芳打長途電話告知先生，她與孩子已在臺北了。安諾德埋怨怎麼要來臺灣也沒事先告知？兩天後，安諾德從高雄駕車北上，說既然都來到臺北，何不入住臺北最高級的圓山大飯店？黃瓊芳以為丈夫為了享受小別勝新婚的甜蜜，

2 〈心辣誰如金髮婿 殺妻計破自墜樓 分居兩地心腸變 飄海尋夫遭陰謀 中美鴛鴦子女繞膝無限好 薄倖狠毒輒斷玉臂有餘哀〉，《聯合報》，一九五五年五月十六日，版四。

安排了豪華的飯店，歡喜得不得了，為了享受兩人世界，她將孩子送到中和姊姊處。

夫妻進了房間，丈夫在浴室洗漱，黃瓊芳赫然發現安諾德皮包中藏有手槍，待丈夫走出浴室，問他隨身帶著槍作什麼？安諾德連忙回答說是朋友的，黃瓊芳逼著安諾德立刻將手槍送還給朋友。隔天，她在房間接到一陌生女子來電，安諾德連忙將話筒接去，背過身悄聲講話，黃瓊芳在旁聽得他說：「事情尚未了結，以後有發展再告訴妳。」黃瓊芳按捺不住，尖聲說道：「聽說你有新歡，到底是怎麼一回事？」山上的紅房子夜裡安靜，安諾德怕吵架給人聽見了難免鬧笑話，於是開著車載妻子到郊外去，索性吵個痛快。

再隔一日，安諾德若無其事，說要不要上北投陽明山走走，口氣和緩，像是求和，但心底已埋下了殺妻毒計，但見報紙寫得活靈活現：「十一日上午十一時許，安諾德駕駛自備的小轎車同妻郊遊北投陽明山之間，當汽車抵達北投山後硫磺礦池附近公路上時，車行快速，安諾德突將汽車緊急煞車，此時黃瓊芳正從車窗欣賞風景，突遭此一緊急煞車，臉部撞在前面擋風玻璃上面，因為動力過猛，當時將門牙撞掉四顆，原來安諾德已下了謀殺妻子之念，趁妻痛苦萬狀時急將右邊車門打開，用力將妻推出車外企圖使翻落公路下面之深澗，豈知黃瓊芳命不該絕，該處路邊並非斷崖，係處於斜坡的地方，同時又有一塊大石頭阻擋救了黃的性命。

「安諾德見其妻受傷並未翻滾下去，又想用汽車將妻輾斃，遂將汽車從公路上慢慢駛向妻子躺臥的地方，黃見汽車直駛而來大喊救命，一面極力躲避，不幸輪邊處將黃的右臂輾斷，此時深坑下面正有幾個在硫磺礦工作的工人，聽見救命的聲音立即趕過來。安諾德殺妻子事敗，馬上自己將車剎住，也由車內翻滾出來，企圖掩人耳目，造成汽車失事，圍觀的人雖然不知內情，但是被害人黃瓊芳心裡明白，知道丈夫變了心想將她謀殺，北投陽明山警察所旋派外事警員到達現場，黃即提出告訴，並由治安人員勘查現場後，即將安諾德扣押，全案移送臺北警務處外事警察隊處理。」[3]

安諾德羈押後，稱手臂受傷及鼻出血，要求外事警察陪往就醫，該隊即派警員陪同醫治，當警員付款取完藥，一轉身發現安諾德不見了，急忙追出，門外三輪車夫說安諾德已鑽進小巷子，警員尾隨追趕，聽民眾嚷著說有人跳樓了，到達現場，見安諾德腦漿迸流倒臥血泊中氣絕身亡。

那個年代，電視尚未問世，但記者在報導裡加油添醋，交代一班冤親債主的愛恨情仇，筆調煽情，也與八點檔連續劇沒什麼兩樣了。有記者守在醫院，追問元配黃瓊芳心情，也有

3　同注釋2。

記者南下高雄，四下訪查，為情婦徐鎵華起底：「徐鎵華是浙江杭州人，現年三十七歲，民國八年一月十五日在杭州家鄉出生，在成都會計學校畢業。大陸陷匪來臺灣之前已結了婚十餘年，現在已是五個孩子的媽媽，她離婚的丈夫是姓彭的一位軍官，他們來臺後不久因意見不合，於四年前即告分住，孩子們統歸彭撫養，徐為求自己生活乃於四十一年考進民航隊高雄供應處當書記員，一直任職到現在。

「徐所住的地方很清雅，全座約二十餘席計，有一廳一房廚房浴室俱備，還有後面一個小花園，屋內是一片蘋果綠的顏色，有一個老媽子和她同居。她一向過著優裕的生活，所以看去僅像二十許人。更因個性好動喜歡遊玩，更顯得她的年輕，對於電影特別是西片，她有著強烈的嗜好。幾年來對於公家的工作都做得好，因此引起民航隊工程處美籍技士安諾德的注意，也許由於安的太太是中國人，可能會捉摸華籍小姐的心理，不久之後他們便漸漸接近起來。每於下班時安時常用他自己的吉普車送她回家或則看電影去，假日又雙雙乘車出遊，更因徐能操得一口漂亮英語，所以彼此感情打得火熱，而且談過了婚事，雖然徐知道安諾德有太太和兒子在香港，但她仍很愛他，安雖知徐已結過婚，卻一再表示要設法和她結婚，據說：安諾德於八日駕車北上會妻時，徐曾依依相送。安諾德卻百般安慰，要她安心靜候佳音，誰知安竟鬧出此一幕慘案。安諾德走後，據說：徐曾接過他從臺北打來兩次電話大意是說他準備和太太提出談判，十一日安諾德在北市謀殺他太太黃瓊芳後徐即和安氏失去連絡。」[4]

雙姝爭夫的戲碼還未落幕，又有個美國元配艾瑪女士登場——安諾德身故後，黃瓊芳被安置安養院，窮困潦倒，次子因患腸炎無錢就醫而夭折。孤苦無依的寡婦把希望寄託在亡夫遺下的四千三百餘元美金，未料民航局以安諾德在美另有元配，錢財、甚至是安諾德的骨灰，全被航空公司凍結，多年的情感、婚姻，原來都是虛妄，一紙婚約也無法保障幸福，黃瓊芳不得已只好親上法庭證明自己情感的合法性。但異國婚姻的合法性該奠基於中華民國的法律，還是以涉外民事訴訟為主？國內法律學者莫衷一是，最後黃瓊芳出示一張圓山入住表格，安諾德在配偶欄填著黃瓊芳的名字，替黃瓊芳贏得官司，紅房子的表格也意外成為翻轉情勢的關鍵呈堂證供[5]。

異國鴛鴦的婚事讓中美關係產生變化，為新聞掀起第三高潮。美援為臺灣帶來巨大經濟效益，但駐臺數萬名美軍享有司法豁免權，也衍伸出不少社會問題。安諾德圓山殺人事件宣判隔年，劉自然槍殺事件發生，掀起反美風潮。一九五七年三月二十日，陸軍中校劉自然在

4 〈國際情場慘劇外記，究是罪惡抑是愛情魔纏住徐邃華〉，《聯合報》，一九五五年十一月二十四日，版四。
5 〈安諾德遺產案黃瓊芳勝訴，臺北地方法院判決文〉，《聯合報》，一九五六年五月十七日，版三。

參加友人婚宴返家途中，於晚間十一點在陽明山美軍宿舍外頭遭槍殺。開槍者乃駐臺美軍中士羅伯特．雷諾（Robert G. Reynolds），雷諾美軍的身分，擁有外交豁免權，全案交予美軍軍事法庭審理，雷諾在法庭上聲稱自己是因為劉自然在庭院外頭窺探妻子洗澡才憤而開槍，五月二十三日，軍事法庭以「殺人罪嫌證據不足」而宣告無罪釋放，消息一出，全國嘩然，隔天，超過六千名民眾包圍美國大使館，丟石頭、砸雞蛋，有人甚至翻牆進入大使館，砸毀大使館的傢俱、車輛，燒毀文件，並且毆打大使館人員，場面失控長達十個小時，是臺灣宣布戒嚴後，最嚴重的一次示威抗議活動，史稱「五二四事件」。

美援的滋味是小說家所說的「蘋果的滋味」，咬起來聲響清脆，咬到蘋果的人，一時也說不出什麼，總覺得沒有想像中的美味，「酸酸澀澀，咬起來泡泡的有點假假的感覺」，但想到一只蘋果可以換四斤米，只得告訴自己，那是全天下最美妙的滋味。

第五章

樂隊繼續演奏

膠卷中的
紅房子

二〇〇〇年坎城影展最佳影片是拉斯馮提爾（Lars von Trier）《在黑暗中漫舞》（Dancer in the Dark），但那一年最大贏家是華語電影。那一年，評審團大獎姜文《鬼子來了》，最佳男主角《花樣年華》梁朝偉，杜可風、李屏賓、張叔平也憑同一部電影拿下「特別技術獎」，李安《臥虎藏龍》在坎城做世界首映，全場轟動。楊德昌那年也拿了最佳導演，參展電影海報為一個穿著西裝的小男孩，赤腳走在圓山飯店階梯的紅地毯上，海報上的電影名稱並非影迷熟知的《A One and a Two》，而是電影片名的音譯，Yi Yi，《一一》。

《一一》征服坎城，也讓圓山在國際大大地露臉。但第一個在這裡拍電影的人並不是楊德昌，也非早他幾年，李安的《飲食男女》，第一部在紅房子取景的電影是一九五九年香港

「電懋」出品的《空中小姐》。

《空中小姐》如片名所示，描寫空中小姐的職場與愛情，電影公司當年大手筆地赴臺北、曼谷和新加坡取景，可謂創華語電影先驅。其時，老百姓無法出國觀光，觀眾們上電影院，跟空中小姐飛上了青天，也等於到了他鄉異國漫遊了一番。當時尚無桃園機場，電影中，飾演空中小姐的葛蘭、葉楓，跟著機組人員從台北航空站驅車前往下榻的圓山飯店，透過女主角的視角，觀眾在電影院中可以看到當年明治橋與中山北路的樣貌，古樸的街道說是京都也未嘗不可。在影片中，美麗的女明星在宮殿一樣的「金龍廳」與英俊的男明星會合，共赴晚宴，在晚會中吟唱台灣小調。

膠卷留住紅房子往日風華，影像不足之處，亦可從《聯合報》當年刊載「金龍廳」落成的文字報導一窺究竟：「『金龍廳』在圓山大飯店的後面，原來的臺灣神社僅存的遺跡清除淨盡後，再削山為址，傍山勢築成，長約三百公尺，寬約一百公尺，作馬蹄形，鋼筋水泥為骨，畫棟雕樑，廊腰曼迴，簷平高喙，環抱地勢，氣象雄奇。自圓山大飯店後面拾級而上，直達廳前，順勢自左右展開綠茵如氈的芳草坪台，配建著朱紅欄杆，徘徊其上，臺北盆地的風光和蜿蜒如帶的淡水基隆二河，盡收眼底，臺北市豪華建築不少，但像『金龍廳』收山水之勝的，實在找不出第二個地方。

「從碧紗裝成的前門進去，有如深入帝王家的御苑宮闕，廳內彩畫的天花板，由名畫家嵇康設計。清秀文靜的八角宮燈，照映得五彩繽紛的廳堂，益顯得金碧輝煌。

「現代化匠心獨運的住宅設計，在廳內正西及左右旁排成兩列，中央為走道，道中有四座露天花台，山水木石花草蟲魚，直接承受天露，各在巨型立體的玻璃花台內活動，可以站在其旁欣賞半天而不倦。房屋外表一律淺銀灰色，與多姿多彩的天花板色調甚為調和。至三百公尺盡頭處，始各左右彎折而上，東面為一巨大廳堂，落地玻璃長窗，玄色帷幔深垂，附設酒吧，中菜間及音樂台。四級四層，層級之間左右各有休息之所。桌為黑邊紅面，低矮而成圓形，椅子為我國古時候良式樣，甚為別緻。

「第一次在臺北舉行的一次國際性會議——『遠東作物改良會議』就在大廳堂中舉行，明窗淨几之間，各國代表圓桌議事莫不感到情趣盎然，精神爽快。西面為最佳住房及最講究之四間套房所在地，普通住房每日費用為一個人三百元臺幣，兩個人為三百五十元臺幣，套房個人五百元一日，二人五百五十元一日，每一房間內設有柔軟的床位，整潔的被褥、盥洗、廁所、寫字間、電話、沐浴室、休憩室、衣物櫥、化妝台，一應俱全。套房較普通房間大一倍以上，寬敞舒適，色調柔和，光線充足，空氣流通，無怪乎住過的客人都說太完美了，比之日本東京的帝國大廈，香港的半島酒店，別具撩人風格，為遠東第一流的旅行居處。『金龍廳』附設的普通房間三十二間，套房四間，天天客滿，每個房間都有冷氣設備。「『金龍廳』建築費，據保守的統計在新臺幣五百萬元以上，內部設備費也達一百萬元以上，耗時一年餘才建造完成。有彈性的地板是建造工程中較艱苦的一段，為省府建設廳營建處承造，一切的收支全歸省府，一切的買賣全用臺幣，是不折不扣的中國式買賣，雖然買賣的對象絕大部分是老外買單。」[1]

「金龍廳」於一九五六年落成，電影公司隔年就將攝影機對準了這棟山上的紅房子。一九五七年八月，「電懋」發布來臺拍攝《空中小姐》的新聞稿：「『電懋』第一部彩色片《空中小姐》已於本月八日下午三時，在新永華片場開鏡。這是一部風格特殊，題材新穎的歌唱舞蹈片，由易文編導，演員有葛蘭、葉楓、蘇鳳、丁櫻、方華，及兩位老牌空中小姐唐真與海南島上空遇難不死的羅碧霞一起參加該片演出。男演員有喬宏及雷震，許可和吳家驤（吳兼任副導演）等。《空中小姐》是以香港、新加坡、曼谷及臺灣四大城市作為故事背景，都將實地拍攝，將來《空中小姐》公映，觀眾可於短短的兩小時內，欣賞上述四個城市的名勝風景，再加上用伊士曼彩色攝製，觀眾視覺上將能得到高度的享受。」[2]

1 《聯合報》，一九五六年七月二十二日，版三。
2 《聯合報》，一九五七年五月二十四日，版六。

歷時一年的拍攝、後製，《空中小姐》於一九五八年秋天，以及一九五九年相繼在台灣、星馬、香港公開上映。那幾年是華語電影史極為關鍵的年代，其時，邵逸夫兄弟買下香港清水灣興建片廠，與「電懋」的商業競爭進入了全面白熱化，兩大電影公司皆走好萊塢片廠模式，沿用明星制度，互搶明星、互搶題材，銀幕外爾虞我詐的商業戰爭不遜於電影劇情。雖說兩家電影公司拍片屢屢撞題，但風格與美學卻截然不同。在一般觀眾的印象裡，「邵氏」古典而庶民，最初拍了許多歷史古裝片，「電懋」則是靠城市愛情喜劇起家，電影流露鮮明的中產階級品味與主事者陸運濤的公眾形象不謀而合[3]。

陸運濤父親陸佑是馬來亞實業家，陸家家大業大，富可敵國，家產涵蓋礦業、運輸業、零售業。陸運濤母親林淑佳亦在上世紀三〇年代涉足電影產業，不僅在東南亞的各大城市蓋電影院，亦成立院線，為愛子備好發展舞台。陸運濤四〇年代自英國留學返國，即投身各項繼承事業，同時也經營自己的娛樂產業，五〇年代進軍香港，併購「永華公司」，拍攝華語電影，未幾便將旗下公司更名為「國際電影懋業有限公司」，即是赫赫有名的「電懋」公司。

陸運濤是華人世界無人不知的電影大亨，但他在西方世界，更為人津津樂道的則是他鳥類學家和攝影家的身分，他曾為了拍攝海鷹飛翔的生態，打造了一座一百三十呎高的木塔，住在上頭好幾天。早年出版鳥類攝影集《鳥類的夥伴》（A Company of Birds）享譽國際，該書序言引述他對鳥的狂熱：「生平愛讀書，喜歡寫作，對於攝影有興趣，尤其喜歡大自然生活，常常到許多窮鄉僻壤去，對比較溫和的冒險發生興趣。所有這許多興趣，現在都已經被愛鳥的興趣融會成為一種混合為一的生活形態，因而我在完全走上了一個中國藝術家愛好高山深淵，幽谷叢林的路了。他們已有許多是愛鳥的，他們是利用鳥來表達自己的感情。」

藝術家性格的商人來拍電影，無疑是等於如魚得水，他五〇年代進軍香港，併購瀕臨破產的電影公司加以改蓋，拍攝《曼波女郎》、《空中小姐》等叫好叫座的電影，將葉楓、葛蘭、尤敏打造成閃閃發亮的大明星。他尊重專業，延攬陶秦、王天林等最有才氣的導演為其效命，張愛玲亦被電影公司網羅，寫了《情場如戰場》、《小兒女》等劇本。

「電懋」、「邵氏」纏鬥多年，你搶走我的《紅樓夢》，我就拍你的《梁山伯與祝英

3 據電影學者陳煒智指出，邵氏與電懋風格與美學的不同，是一般影迷最粗淺的印象，事實上，邵氏「庶民而古典」與電懋「城市愛情喜劇」有時序先後的差別。邵氏在1957年春夏開拍古裝歌唱片《借紅燈》、《貂蟬》，1958年夏天開拍《江山美人》，1959年拍攝《倩女幽魂》、《兒女英雄傳》，之後推動「傾國傾城」四大美人片集計劃，加上《花田錯》、《紅樓夢》，再因為進軍國際市場的考量，決意大量開拍古裝片，於新片場內建設古裝街道、設立服裝和布景道具部門，打造「古典宇宙」以迎向廣大海外市場的需求。並非「最初拍攝了古裝片」，而是逐步地、漸漸地開始。電懋在拍攝《空中小姐》的時候，邵氏也只拍了一、兩部古裝歌唱片而已，其他作品也大多是城市都會悲喜劇，就類型而言，跟電懋相去不遠。

台》洩恨，你奪我的明星、我就挖你的導演，搞到最後甚至扣押對方的電影膠卷。一九六四年，雙方達成君子協定，達成協議不挖牆腳，說若任何一方先公布的影片片名，對方不能搶拍，也盡量避免挖走對方的明星與導演[4]。

也同樣是一九六四年的初夏，陸運濤受邀來臺參加第十一屆亞洲影展。那年輪到臺灣第一次舉辦該影展，政府企圖將影展打造成展示「自由中國」文化實力的舞台，東亞影人、好萊塢影星威廉赫頓（William Holden）都是影展嘉賓，電影大亨陸運濤自是政府極力邀請對象。他一抵臺，即受蔣介石、宋美齡接見，與副總統陳誠設宴款待，席間，他亦感性地說：「生平所願是踏上自由中國土地，今日得償所願。」[5]

電影大亨在臺一舉一動皆是影劇新聞的焦點，他率一班明星遊太魯閣，大讚花東大山大水，若在那邊拍武俠片一定賣座。他扶植李翰祥「國聯電影公司」在台拍片，臺灣影人在中央酒店設宴為他做壽，想藉此與他洽談近一步在臺灣投資的事宜。「復興劇校」的臺柱平劇明星王復蓉，受邀到壽堂表演平劇《麻姑上壽》，陸運濤對王復蓉的平劇表演非常感興趣，承諾他日「電懋」若拍平劇電影，必然找王復蓉擔任女主角。

與此同時，邵逸夫也在臺灣。兩家電影公司的明星各自造勢，頗有拚場的意味。你去太魯閣看大山大水，我就去「國立歷史博物館」參觀中國的古物。兩大龍頭的纏鬥最大高潮就是頒獎典禮的影后之爭，「邵氏」藝人凌波與「電懋」的林翠雙雙報名女主角，十九號下午開獎，結果凌波以《花木蘭》獲女主角，林翠卻意外被降格成女配角，但這無損陸運濤在臺灣的好心情，隔天，他仍相當有風度地包下紅房子「金龍廳」和「麒麟廳」，大宴賓客。

二十日當晚，飯店大廳裡星光閃耀、衣香鬢影，受邀貴賓多達六百人，排場與陣仗完全不亞於頒獎典禮，「宴會開始時，賓客們都慢慢到了，但是站在門口迎接客人的除了馬來西亞四位女明星和趙雷、雷震、莫愁、容蓉之外，只有『電懋』的宣傳部主任黃也白。主人一直到客人們已經就座吃自助餐的時候還沒出現。趙雷在麥克風中向客人們說：『由於陸運濤夫婦上午到臺中參觀故宮文物，原定下午六時以前趕回臺北，但是直到現在，飛機尚未到達臺北，所以無法親自來歡迎各位，謹致最大的歉意！』客人們聽了這些話，認為一定是飛機誤點了。」[6]晚上八點，派對上的賓客舉杯交談，吃著好吃的食物，說著輕鬆的笑話，等待派對主人的來到，但未料他們最後等來的卻是派對主人死訊——飛機失事了，陸老闆死了。

4 《聯合報》，一九五九年十月九日，版八。
5 《聯合報》，一九六四年六月十七日，版三。
6 《聯合報》，一九六四年六月二十四日，版三。

當日，陸運濤夫婦與一群影人前往霧峰看故宮寶物[7]，下午五點三十七分，他們搭乘CAT的環島客機北返，未料在臺中神岡上空爆炸墜毀全體罹難，乘客與機組人員共五十七人全部罹難。二十五日，陸運濤等罹難影人之公祭在「臺北國際學舍」舉行，總統府祕書長張群、臺灣省政府主席黃杰、張道藩、何應欽、參謀總長彭孟緝等率領官員們到場祭拜。

陸運濤夫婦的逝世造成臺港星馬等地極大震撼，年底金馬獎也因此停辦。官方對外宣稱此一空難乃飛機故障和駕駛疏失，然而調查報告卻疑點重重，有人在失事現場發現一本美國海軍《雷達識別訓練手冊》，攤開書本，冊頁中間被挖空成一把手槍的形狀，《聯合報》記者搶在書被扣押前，拍到照片，並在隔天報紙獨家刊出。時任臺灣省警務處處長張國疆面對外界的質疑，卻說：「手槍不見得與飛機失事有關。」

這架飛機當日航線是臺北、臺中、臺南一路飛往馬公，然後按原路線北返，但不合理之處乃當日馬公卻飛了兩趟。一名三十八歲的海軍中尉曾暘，和一名四十八歲的海軍退役軍官王正義，下午在馬公捨棄免費軍機，指定要搭乘這班昂貴的民航班機。CAT背後的金主是CIA，美國人亦派專員調查此案，航太作家王立楨在《消失的航班》中根據二〇〇九年CIA解密的資料，歸納出幾個新的事證：其一，飛機起飛時是客滿狀態，但是在殘骸中有兩個座椅的安全帶是被打開的。兩個座椅在飛機墜地時，並沒有旅客坐在上面的痕跡。其二，駕駛艙內，除了正、副駕駛兩人的遺體之外，還發現了另一具屍體，那屍體被證明是與曾暘同時登機的王正義。根據驗屍報告，由王正義的胸部、腹部器官重創的狀況及左大腿骨嚴重骨折情況判斷，在飛機墜地時，他極可能是站著的姿態。其三，正駕駛林宏基的頭部右邊有一個小洞，左邊半個臉及額頭部分由內向外翻開，但是驗屍報告中卻沒有這項資料。副駕駛龔慕韓的遺體火化之後，在骨灰中找到一塊來路不明的金屬物品[8]。

王立楨如此推理：飛機起飛後，曾暘與王正義迅速取出挾帶上飛機的手槍，王正義持槍衝進了駕駛艙，用槍指著正駕駛的頭部，命令他將飛機飛往某個地點（很可能是中國大陸）。機上兩位空軍出身的飛行員深知飛機在飛往大陸的過程中可能會被擊落，因此寧死也不肯飛往大陸。而王正義知道飛機若不去大陸，而是在臺灣任何一個機場落地，他與曾暘兩人同樣難逃一死，故而他只能選擇同歸於盡，全機其餘的五十五位機組人員及乘客就成了陪葬。

---

7 一九四九年二月下旬，蔣介石命故宮博物院與中央博物院將兩院藏品分三批運達，暫存臺中糖廠倉庫。翌年四月，霧峰北溝庫房修築完工，全部文物入庫存貯。此後十五年，故宮與中博合組聯合管理處，逐件點查運臺文物，並於簡陋環境中保存整理復闢建小型陳列室，開放參觀。一九六五年，政府為發展觀光事業，乃擇定臺北外雙溪建館奠基，將兩院合併，恢復故宮建制，公開陳列展示。

8 王立楨，《消失的航班》，遠流，二〇一九，頁七十。

作者翻閱調查報告，用邏輯科學推理出飛機失事的經過，卻產生更大的疑惑：「如果曾、王兩人行動目的僅是要劫機去大陸的話，為什麼不在由馬公起飛之後就劫機，而要等到由臺中起飛之後再行動？由馬公直飛大陸要比由臺中去近得多，同時被我方軍機攔截的機會也較少。因此，這個答案應該就是：曾、王兩人知道陸運濤等貴賓會在臺中登機，若能夠將陸運濤等人劫持到大陸，對當時的政府絕對會造成無法想像的衝擊！有了以上假設之後，就衍生出另一個問題，那就是：曾、王兩人是如何知道陸運濤等人到臺中的參訪行程？怎麼知道那個行程臨時更改到二十日？當年飛機在臺中失事的重大消息，都花了兩個多小時才傳到臺北圓山飯店，曾、王兩人怎能在十八日當天就知道陸運濤等人到臺中的行程改到二十號？這是否意味著有某些知道內情而又想讓政府難堪的人士在指點他們兩人？」

一個疑點引出另外一個疑點，陰謀背後有更大的陰謀，然而當局者選擇真相不公開，兩名盡忠殉職的飛行員被誣指操作不當而墜機，背了數十年黑鍋。廣播名人崔小萍冤獄，有一說法是她送藏有炸彈的蛋糕給機上乘客，是背後的藏鏡人。歌手施文彬的父親當日也在飛機上，多年後他公開表示希望重啟調查，還原多年真相。空難之後，靈異傳聞不脛而走。據《聯合報》報導：「空難過後，許多村民都不約而同說，遇到亡魂託夢，包括外國人。」該報提到，三角村一位林姓村民表示，她每年都會夢到不同的亡魂請她幫忙：「有說衣服被燒掉，請她燒紙衣；還有一名三十多歲女子，穿著五〇年代衣服，在夢中說要找自己的項鍊。」前幾年，她還夢見一名陳姓長髮女子，想嫁她的丈夫。這場冥婚最後成局[9]。目前在神岡墜機地點，亦有當地民眾設立空難紀念碑。

驚天一爆，改寫了華語電影的歷史。陸運濤死後，「電懋」難以為繼，「邵氏」獨領風騷三十年。原本，威廉荷頓、趙雷、李翰祥都獲邀到霧峰欣賞故宮國寶，都應該在死亡航班上，但都因另有公務或私人活動而取消行程。當時的臺灣省議會議長謝東閔當天趕赴水湳機場，原本想買張臺中到臺北的機票，未料機場櫃檯服務人員卻告訴他最後一張票在幾分鐘前才賣出去。誰在飛機上？誰不在飛機上？多一個人，少一個人，華語電影史就是另外一種寫法。陸運濤在紅房子取景拍《空中小姐》，人生缺席的最後一場派對也在紅房子，這是電影編劇也編不出離奇巧合的劇情。唯一可堪安慰的是愛鳥人士陸運濤，人生最後一刻，也像飛鳥一樣飛上了青天，自由翱翔。

（本章節承蒙藍祖蔚先生、陳煒智先生、蘇致亨先生審定，特此感謝。）

9 《聯合報》，二〇一四年二月七日，版六。

人物故事

陳璇／84歲
前客房部經理

從總統到好萊塢明星

我呢，叫做陳璇，家父經商，我十一歲跟著他來到臺灣。初中、高中都是念靜修女中，畢業就在電力公司工作，後來到臺中鐵路飯店。一個偶然機緣認識禮賓司的司長顧瑞昱，他說「Cécilia，我說妳家在臺北，怎麼在臺中工作呢？這樣吧，我給妳申請到圓山飯店工作吧。」當年去圓山工作簡直很不可能的，也不是別人推薦你就進得來，來了還要面試，那時候還是徐經理給親自面試的，中、英文口試，高中畢業後，為了加強英文，我在一個修道院住宿，所以還應付得過去，進圓山那一年，是一九六一年，民國五十年。

我一進來是在櫃檯當接待，一九七〇年，轉客房部做訂房的工作，那時候有「金龍廳」、「翠鳳廳」和「麒麟廳」，新大樓還在大興土木，一九八七年，我擔任客房部主管，管理大廳、「金龍廳」、「麒麟廳」櫃檯接待，以及總機、門僮、行李服務的主管。之後擔任客房部主管直到退休。那時候在櫃檯當接待，除了留意電話鈴響，也要注意車子進來，客人踏入飯店，你全身的毛細孔都要打開。那時候有個總機話務密班長，他一接電話，聽聲音就會知道打電話來的是誰，立刻喊出對方的名字，讓對方覺得賓至如歸。我記得以前颱風來的時候會淹水，劍潭那邊簡直是汪洋一片，上山颳好大的風，密班長狼狽地爬上山，說自己是划船划過來的，圓山人都很盡責，知道只要外面只要還有車在動，我們就得上班。

孔二小姐我們都喊她總經理，我接著講一個小故事。我們以前有一個餐廳叫「圓苑」，在地下室，就在我們訂房辦公室的斜對面，餐飲主管是毛清潭。有一個宋領班，留個小鬍子，匆匆忙忙到我們辦公室，說：「陳主任，現在總經理在對面，張襄理不在，你去服務。」我只得過去，她看到我就說：「Miss陳，妳坐。」我說：「報告總經理，我們的客人啊，一進來都會讚嘆我們的藻井很宏偉。」她要領班拿一張紙畫起來，非常得意地說：「本來啊，我們天花板沒這樣高，就到樓梯為止，是我報告蔣總統，說不行，這樣看起來格局不高，後來才有階梯的延伸，觀感就不一樣。」一這時候張襄理回來了，我就趁機逃離現場。圓山飯店是楊卓成的設計，殷之浩的「大陸工程」蓋的，但如果沒有總經理在旁監工，如今也不會有這麼一棟宏偉的建築。

一九六三年，我在「麒麟廳」當班，當天接待一個美國來的旅行團，很大一團，根本一房難求。兵荒馬亂之際，突然聽到有人說先總統蔣公跟泰皇伉儷要來的消息，四下安靜了下來。見到總統的那時刻，我的眼淚在眼眶打轉，他的風采飽滿，雖然沒有任何交談，但那畫面我至今難忘。我也見過蔣經國總統，一樣是在「麒麟廳」櫃檯值班，那時候他還是行政院長，來探望下榻我們飯店的孔令侃，他坐在大廳，印象非常平易近人，這是我對他的深刻印象。一九八九年，李登輝總統在圓山宴請李遠哲院士，他早到了，我在大廳值班，我跟他深深地鞠躬，他問我在這邊做多久了？做什麼？我一五一十地向他報告，他問我們的occupancy rate（住房率）多少？從他口中聽到這樣專業術語讓我覺得印象難忘，李總統給我感覺是特別博學。有一天，李總統來了，當時飯店有一個新規定，賓客到圓山，工作人員都要在大廳迎接。李總統看到我，很自然地問我現在生意如何？他記得我，我覺得很欣慰，身為圓山人這是多幸運的事情。

再說說我接待的客人吧，艾奎諾夫人（Maria Corazon Cojuangco Aquino）[1]、還有一九八二年，船王董浩雲[2]邀請摩洛哥國王和王后葛麗絲凱莉（Grace Patricia Kelly），他們住十二樓總統套房。她給我的感覺是這麼高雅、得體，那種親和氣質吸引我們的目光。我會拿她來相較後來住宿的伊麗莎白泰勒（Elizabeth Rosemond Taylor），那時候她已經比較圓潤，我沒直接和她接觸，是房務楊鎮宇跟我講的，說她喝紅酒跟喝水一樣，怪不得體型會有那樣的變化。她穿著相當鮮豔，跟凱莉王妃的風格截然不同。的確無法相較。第三位是一九七五年四月，洛克斐勒（Nelson Aldrich Rockefeller），他來參加先總統蔣公的喪禮。當時我在訂房部，常常與外交部禮賓司、國防部的科員接觸，我們雖然是飯店，但招待國家賓客永遠排在第一位。那時大廳地毯有時候會凹凸不平，他差點絆倒，但他也很理解。過了沒多久，他弟弟大衛洛克斐勒，一個銀行家，來臺住宿，接待的徐經理提醒他走路要小心，他說，當然，我一定會，我哥哥已經告訴我了。那個幽默化解了嚴肅的氣氛，這也讓我時時刻刻告訴自己，當班的時候隨時要笑臉迎人，讓客人賓至如歸。

再來我要回去講一九六六年，那時候有一部美國電影《聖保羅砲艇》（*The Sand Pebbles*）來臺灣拍攝，導演是《真善美》（*The Sound of Music*）的導演勞勃・懷斯（Robert Wise），演員是史提夫・麥昆（Steve McQueen）和李察・艾登堡（Richard Samuel Attenborough），他們在這邊居住長達三個月，圓山的住宿讓他們賓至如歸，是我們很驕傲的事情。那時候他們包下「金龍廳」四個套房、「麒麟廳」五個套房，後來，國家賓客來，需要他們搬到普通房，他們也沒有怨言，配合度很高。這是我最難忘的情景。

講到拍電影，那時候「電懋電影公司」的大老闆陸運濤和他的夫人有一次住在我們這，住八號套房。那時候政府都希望他能在臺灣投資拍電影，招待他們白天去臺中霧峰看故宮文物，那天晚上，陸先生辦一場派對，我們要加班，但經理說當天加班會請我們吃西餐，所以我們還是很高興。那個晚上，好多明星都出席了，星光閃閃的。但等啊等，等到卻是一個噩耗，陸先生搭的飛機空難失事，機上的人全部罹難了，大家都抱著哭成一團，我記憶所及，那個駕駛員是一個中國駕駛員，林飛行長，他太太非常漂亮，那是我在圓山印象最深刻的一場派對了。

1　菲律賓第十一任總統。
2　董浩雲是航海業巨擘，董浩雲在政治上與中華民國關係密切，中華民國的國花即出現於「中國航運」與「東方海外」的標誌中，中華民國國旗懸掛於旗下船隊至一九八〇年代中。其長子是香港特首董建華。

第六章

一個警察之死

「天下第一局」
局長免職之謎

一九五四年，民國四十三年，歲次甲午，馬年。這一年三月十日，第一屆國民大會無記名投票，通過罷免副總統李宗仁。二十二日，第二屆中華民國總統選舉在臺北市中山堂舉行，是為中華民國政府遷臺後首次總統選舉，第一屆國民大會經過二輪投票，由蔣介石連任總統，陳誠當選副總統。當月二十六日，聯合報三版的新聞版頭是趙品玉接任臺北市市警局第三分局局長[1]。

誰是趙品玉？聯合知識庫搜尋「趙品玉」三個字，得到七十二筆趙品玉的資料，調升臺北市警察局第三分局長的新聞是趙品玉的媒體初登場。第三分局，即今日的臺北中山分局，轄區範圍涵蓋中山北路、林森北路等城北一帶，早年轄區因酒店、日式卡拉ＯＫ、應召站等特種場所林立，涉及黑黃賭毒等社會問題，向來有「天下第一局」之稱。趙品玉能接掌天下第一局，自非吃齋念佛的大德居士，該則新聞寫道：「臺北市警察局第三分局長陳局長，自調升陽明山警察所長後，遺缺曾由該分局林局員暫代，據悉：警務處以該分局轄區重要，業已遴定趙品玉接續，已於日前赴局視事，新任第三分局長趙品玉，係浙江警校特科一期畢業，曾任溪口警察所所長等警職。」[1]

浙江警校是民國初年培養正規警官的省級機構，一九三二年，特工王戴笠建立中國祕密警察系統，也從浙江警校吸收不少幹部，警校校長、行政人員都是特工處幹事。但趙品玉的新聞並非爾虞我詐的間諜故事，臺北第三分局局長的遭遇，其實更像是臺灣基層公務人員的無奈與哀歌。

趙品玉風風光光上任臺北第三分局長。再度上報，是隔年二月初，他表揚轄區內大陳島烈士遺孀。

四九年，國民黨政府雖撤退來臺，但仍控有浙東沿海五十幾個島嶼，島上十七萬居民多為窮苦漁民和強悍盜匪，由國防部大陸工作處收編為游擊隊。韓戰之後，美國需要中共軍

1 《聯合報》，一九五四年三月二十六日，版三。

隊部署調度的情報，故而「西方公司」才會搖身一變，成為當時的「地下美軍顧問團」，包辦游擊隊的養給、裝備訓練作戰。「西方公司」策動游擊戰千餘次，譬如南日島戰役、東山島戰役，還有「一江山之戰」[2]。一九五四年七月下旬，國共為了大陳列島頻頻交鋒，一九五五年一月十八日上午七時，人民解放軍發動陸海空三棲作戰，攻下一江山灘頭，隨即展開慘烈巷戰，雙方戰力懸殊，歷經一整天慘烈戰鬥，解放軍於隔日凌晨二時佔領一江山，守衛司令王生明殉職。是役，國軍戰報稱七百二十餘民官兵犧牲，共軍損兵兩千餘人，戰況慘烈，堪稱「國共的硫磺島戰役」[3]。

是年二月七日，趙品玉以第三分局長的身分，與中山區公所代表表揚烈士王生明司令及補給組長周元家屬，並代表全體區民贈送「榮譽之家」名牌，「典禮在軍樂聲中舉行，並由鄭寶霞小姐致辭。王周兩烈士的太太在接受這一榮譽的贈予後均感動得淚如雨下，同時並表示她們將克盡婦職，好好的撫育兒女，為中華民族、為國家、為亡夫報不共戴天之仇。」[4]

管區中有戰火遺孀，他登門慰問。美軍顧問團團長蔡斯將退休了，不忘買個貝殼帆船到府祝福一帆風順[5]。蔣總統就職週年紀念，夥同議會副議長、市議員組織籌備會，在中山北路第三分局門前搭一巨型彩牌坊還是他[6]。趙品玉審時度勢，迎合上意，其形象更像里長，而非警察局局長，然而他並沒有怠忽職守，趙品玉七十二則新聞，有三分之一還是他執行公務，與民眾發生衝突而上了報。

同年三月，中山北路一名三輪車夫不遵守停車規則，被一名警員帶回分局處分，移送過程與警員拉扯糾纏，因警方用力過猛，導致三輪車夫摔倒，並傷及後腦，該員警遭移送法辦，趙品玉亦記過一次。趙品玉對外道歉，稱將負擔其全部醫藥費，對其三輪車租金與養傷期中損失之收入將自掏腰包賠償，直至傷癒出院為止。

八月，他率眾拆除長春路違章，與民眾發生衝突，喧囂之中各有受傷，警方傷了三人，民眾傷了四人。其中，最大條則是一九五九年八月，他率七、八名同事前往新生北路二段長春橋拆除違建，現場所聚集之群眾達百餘人之多，警民衝突混戰，警察人員有四人受傷，群

2 翁台生，《CIA在台活動祕辛》，聯經，頁二十五。游擊隊在「西方公司」介入這段期間先後向中國大陸沿海發動突擊千餘次，大規模有南日島、東山島和一江山等知名戰役，當年的游擊英雄「雙槍王八妹」、「牛伯伯打游擊」都是臺灣家喻戶曉的人物。

3 戰鬥歷時兩天，至一月十九日二時，解放軍佔領該島。國軍一江山島上校指揮官王生明陣亡，副指揮官王輔弼被俘，一月二十九日美國國會通過了《福爾摩沙決議案》，授權總統艾森豪可出兵保護臺灣及其固有控制之島嶼，美國二月出動艦隊協助撤退大陳島軍民，並間接導致解放軍在後來的「八二三砲戰」戰略定為「打而不登、封而不死」，臺海兩岸至今均未再有大規模的正面軍事衝突，基本確立今日臺海兩岸的統治區域。

4 《聯合報》，一九五五年二月七日，版三。

5 《聯合報》，一九五五年六月二十三日，版一。

6 《聯合報》，一九五五年五月十六日，版七。

眾中有一替民眾撐腰的議員俞士雄自稱警察打人，「被一個警察踢了一腳，跌倒後扭傷內部」，此一事件驚動臺灣省警備總司，並飭令臺省警務處轉飭臺北市警察局查明真相。

拆私娼寮、拆違建，剛正不阿，鐵腕熱血是趙品玉媒體形象。乘三輪車至松江路訪友，突聞荒郊稻田路邊有人大喊救命，見滿身是血的男子逃奔，後面有一持刀的大漢追趕，他跳車空手奪白刃，制服歹徒[7]。路上有孩子擠在電話亭惡作劇打一一九，他路過發覺制止，將少年帶回警局，通知家長領回管教[8]。盜賊服刑期滿出獄，找不到工作，亦寫信跟他求助[9]。連宵小都這樣信任他了，遑論臺北市民？否則他爆出貪汙遭免職的新聞一出來，也不會全城嘩然，群情激憤了。

一九五九年九月二十三日，趙品玉被免職了。

當日聯合報三版以「市警三分局長 趙品玉被免職」作標題，如此報導：「省警務處以臺北市警察局第三分局分局長趙品玉工作不力，昨日下午予以免職，遺職由臺北市警察局暫派該分局副分局長盛萬鎰代理，日內將另遴選幹員接替。」趙品玉二十一日上午由警務處長郭永下令刑警大隊加以扣押，至二十三日晚上釋出。警務處隔天發布公報，以趙品玉「辦事顢頇，工作不力」，下令免除臺北市警察局第三分局長之職[10]。

趙品玉辦事如何顢頇？工作如何不力？為什麼要扣押，誰下的令？警方高層語焉不詳，各大報館盡是風聲和耳語，有說「趙分局長向圓山飯店敲詐勒索五萬元及警察吃飯不給錢」，有說「警三分局長趙品玉被免職後扣押獲釋，聞與拆除圓山違章建築有關」。

市民跳出來支持趙品玉了，市議員王飛龍等十二人，里長五十四人，及鄰長五百餘人，前往中山區公所陳情，提出兩個訴求：第一，若趙品玉確有敲詐勒索五萬元情事，自應依法嚴辦，若為受人誣陷，當局應為其洗刷，以保趙氏的清白。第二、警務處以「辦事顢頇，工作不力」為趙品玉之免職理由，警務處應對所謂「辦事顢頇，工作不力」八個字，作具體說明。

中山區區長梁明學為趙品玉喊冤，說他不相信趙品玉會向圓山飯店敲詐五萬元。他說，某日，他與趙分局長共同前往圓山飯店，參加「中華開發信託公司」所舉行的酒會，兩人稍作勾留，即行辭出，正巧在圓山飯店大門口，遇見了該飯店經理徐潤勳。彼此招呼後，趙分局長對徐經理說：「我們警察宿舍現在的募捐工作很困難，你們（指圓山飯店）是否可以幫忙」。徐經理答：「讓我考慮一下，再打電話告訴你。」梁明學說假使趙分局長募捐行為被

7 《聯合報》，一九五五年三月三十一日，版三。
8 《聯合報》，一九五六年十月二十七日，版四。
9 《聯合報》，一九五五年十一月二十八日，版三。
10 《聯合報》，一九五九年九月二十三日，版三。

曲解成敲詐勒索，他可以挺身澄清：「這是冤枉，這不是敲詐勒索。」[11]

兩天後，《聯合報》社論還原事情原委：「省警務處處長郭永突於日前下令免除臺北市警察第三分局長趙品玉職務，當時并予扣押。據警務處發表的公報稱：趙品玉的免職，是因為『辦事顢頇，工作不力。』但據昨日臺北市三家晚報一致刊載，謂趙之被免職係因依法取締圓山大飯店違章建築之汽車車庫，而被該飯店負責人指控趙品玉於勸募警察宿舍款項時向該飯店敲詐。真相究竟如何，暫不置論，但僅就報載取締違建及敲詐勒索兩點而論，我們認為實有加以論列的必要。

「趙品玉的被免職，如果是因為取締圓山飯店違建，則趙品玉未免有因公受過之憾。因為根據政府法令，凡不依法申請辦理建築執照，即為違建，依法應予拆除。圓山飯店建築汽車庫，既未向政府依法辦理申請建照，且經人告發後，又經過迭次勸告停工，自行拆除，不予置理，自在拆除之列，趙品玉是該管區警察分局負責人，只係秉承政府命令，在職責範圍內予以協助執行，不得謂為不當；圓山飯店，僅是本市一個高級華麗的旅舍餐廳，自應服從政府的法令，何可超然於法令之外，圓山飯店違建不予取締，將何以使全國人民心服？而且這樣結果，勢必破壞國家法令的完整性，就這一方面來說，趙品玉是無可非議的。又據報載，趙品玉數月前，為興建警察宿舍捐款事，曾一度向該圓山飯店負責人，進行勸募。即令確是事實，趙品玉之勸募，是為了警察界的公益，亦是奉命辦理，且純為樂捐性質，並非硬性攤派，據說雖曾答應樂捐，迄今分文未出，自不能加趙品玉以敲詐之罪，如果該指控中所謂的敲詐，另有其他事實的話，應該拿出證據，予以揭發，則誰也不能為趙品玉偏袒。因而我們認為這一點如果是趙品玉被免職的原因，在情理上，似有不通。」[12]

答案揭曉了，趙品玉之被扣押免職，乃是他為了市容觀瞻，拆除了圓山的違建計程車招呼站，飯店乃向有關方面控告趙分局長因籌募警察宿舍經費敲詐五萬元不遂，加以報復。社論針貶時事，兩行文字之中，還有第三行沒說出來的無奈：警察一切依法行事，但違建蓋在太歲頭上，動土驚動了高層，惹來高層不開心了就是死罪，高層的情緒就是律法。高層是誰？報導浮出了徐潤勳的名字，但話只能說這裡了，誰都知道，徐潤勳背後是孔二，孔二背後是宋美齡和蔣介石，但誰也不能說。

黃啟瑞市長拜會警務處長郭永，稱趙氏過去對地方不無貢獻，擬請警務當局對趙氏的出處多予考慮，但會談未獲具體結果。他設法在本市市民住宅興建委員會安插專員缺，支領薪額雖不多，但對生活不無幫助，結果如何？不知道，再度出現在媒體則是四年後的事了。

11 〈中山區長梁明學不相信趙品玉勒索敲詐〉，《聯合報》，一九五九年九月二十四日。
12 《聯合報》，一九五九年九月二十四日，版二。

一九六三年九月，汐止分局一名司機遭劫，汐止分局長率警員到現場附近偵查，獲悉於案發前一日，即二十二日下午，有不良少年六、七人，穿著木屐在松山街上閒蕩，經進一步查出姓名，先後將五名嫌疑犯逮捕。原來天下第一局的趙分局長被發放邊疆，貶到汐止分局了，但熱血警員一樣熱血，車禍發生，第一個衝現場的是他；水災山崩，聞聲救苦，他比誰都還著急，可他的人生就止步於此了，在五、六則汐止水患救災的新聞之後，是他的訃聞：「前臺北市中山警分局分局長趙品玉，前天因病去世。趙氏生前友好已組治喪委員會，預定下月四日上午在市立殯儀館舉行公祭。」他因拆遷紅房子違建丟了官，斷送仕途，但紅房子依舊矗立在山頭上。報刊時間為民國六十六年十二月十二日[13]。其時，紅房子起了更高、更氣派的大樓，在劍潭山上光芒萬丈。

13 《聯合報》，一九七七年十二月十二日，版六。

第七章

焉能辨我是雌雄

孔二小姐

紅房子一共有三對石獅子：「麒麟廳」上一對、圓山大飯店牌坊下一對、廣場上一對。牌坊下的獅子，外形渾厚雄健，骨線顯明，粗獷的模樣是北方獅子，有鎮守作用。廣場上獅子則為南方獅，文雅秀氣，嘴含圓球，活潑靈巧。按禮制，獅子公母擺放應分右左，但廣場上的石獅子擺放錯了，於是便有好事者稱因為石獅子顛倒方位，故而飯店陰盛陽衰，女性員工多於男性員工，也是人稱孔二的孔令偉顛鸞倒鳳，能在紅房子呼風喚雨的緣故。

孔令偉是已故財政部長孔祥熙與宋靄齡之女，宋美齡外甥女。孔祥熙、宋靄齡生四子女，依序是孔令侃、孔令儀、孔令偉（孔令俊）、孔令傑。孔令偉為次女，故而外界便稱呼她「孔二」，當然，只能背地裡偷偷叫，她喜歡人家當面喊她「總經理」，那是她在上海開

「嘉陵」貿易公司的職銜。

孔總經理個性豪邁，自幼極愛掄刀弄槍，在十里洋場梳油頭、穿西裝，好做男子打扮。當年，宋美齡應美國羅斯福總統之邀，赴白宮作客，當安全人員為同行的孔令偉安檢，看見這小夥子居然佩帶手槍，大吃一驚，隨後發現她竟是女兒身，訝異程度更甚於先前。

從重慶小紅山官邸到臺北士林官邸，孔令偉和兄長孔令侃從來都是宋美齡身邊的金童玉女。孔令侃是哈佛碩士與博士候選人，中英文造詣俱佳。蔣宋美齡赴美演講，演講稿多半出自這個外甥之手。孔令偉不愛讀書，上海「聖約翰大學」念了一半就不念了，學歷不及兄長，但思慮敏捷，做人有手段，更為蔣宋美齡所信任。她參與了婦聯會出資興建忠孝眷村的工程、幫蔣宋美齡打點「振興醫院」，當然，更為人津津樂道的乃是孔令偉參與了紅房子的設計與監工。

傳奇的大飯店從來不缺乏那些風聲水影的傳說。有說孔令偉並非宋美齡外甥女，而是私生女。有說她在飯店藏著巨大寶藏，說她在紅房子養著幾房姬妾。她穿著馬靴在飯店走來走去，誰得罪了她，她就要這個人上劍潭山去打獵，沒抓幾隻麻雀回來謝罪，明天就不要來上班了。客房部協理林寅宗早年在圓山當清潔人員，某日下午，他在十樓擦拭地板，突聽得身後有人喊：「總經理來了！」，轉頭一看，見一群人浩浩蕩蕩走來。為首的，個頭小小的，穿著西裝馬靴，一臉肅殺之氣。

孔二來了。

林寅宗本想躲在廊柱背後，但閃避不及，被孔二叫住：「那個是誰？跟在後面走。」林寅宗初來乍到，搞不清楚狀況，也不知道總經理視察什麼，就被喊進隊伍裡了。孔二走一步，人群就跟著走一步，她停，大家也跟著停，步伐一致，彷彿跳舞一樣。

一群人來到十樓的夜總會，空蕩蕩的大廳迴盪著刺耳的聲響，孔二停下腳步，回頭厲聲問道：「什麼聲音？」人群中站出一名男子，是工程部李副理。李副理怯生生地說道：「報告總經理，是我鞋子的聲音。」原來李副理個子矮小，在皮鞋鞋底釘上厚厚鞋墊，刺耳噪音就是鞋墊踩在木頭地板刮出的聲響，孔二喝令：「鞋子脫掉！」李副理莫可奈何，只得當眾脫鞋，並拎在手上，鑽入隊伍中，狼狽地隨著大隊人馬穿梭在紅房子無盡的長廊之中。

孔二見著夜總會紅色廊柱釘著小桌板，問旁人這作何用途？身邊的高層說桌板上可以擺放飲料，孔二不喜，下令拆掉，隔天，桌板就不見了。走著走著，又停下腳步，問假使在這房間辦派對跳舞，腳步聲可會吵到九樓房客？過幾天證實腳步聲會吵到樓下房客，她責令拆掉木板，在中間加裝一層軟墊隔音，木板都是上好檜木，但孔二說拆就拆，完全不惜工本。

• 左邊合照：宋美齡與孔二。

孔令偉重排場，在飯店巡視時，見著了員工，就要員工入列。單純的高層視察，往往會讓她把五、六個人的隊伍走成十幾人、甚至上百人的陣容。林寅宗的回憶就是老圓山人的回憶，孔令偉就是這樣以殺氣騰騰、威風凜凜的姿態走進紅房子的。

朱剛一九五二年入紅房子當差，是飯店老臣子，一九五五年，他轉職美援會當審查員，回憶孔二空降紅房子的經過：「我在美援會工作了一年半，孔二小姐返臺定居，接管圓山飯店，管理臺北圓山和新開張的高雄圓山飯店。孔二小姐身材瘦小，穿西服戴呢帽，自稱是總經理。圓山飯店的大老闆是宋美齡，她的祕書Bill孫本是圓山飯店的頂頭上司。可是孔二小姐介入後，臺北圓山等於有了Bill孫和孔二小姐兩個老闆。徐潤勳是Bill孫的同學，又是孫推薦到圓山當經理，算是孫的自己人。但是孔來了之後，徐經理倒向孔。Bill孫不悅，想要壓迫徐離職，乃找我回去圓山。我接任圓山飯店經理後，孔二小姐安插她的女朋友蕭太太做接待，主管旅館房間和餐廳的訂位；並安排黃仁霖的弟弟ZeeZee譚（為譚家收養）做controller。後來Bill孫跟孔二小姐的衝突升高，宋美齡開除了孫，要孫搬出公家給的日本式宿舍，在外租房子，找工作。孫在美國『西北航空』公司謀得一個副理的差事。Bill孫是宋美齡的機要祕書，關係應該非常密切，但因為跟孔不合，不但被開除，還不准他出國，可以看出政治人物的無情。」[1]

孔令偉返臺那幾年，山上的紅房子已具規模，外界屢將紅房子與宋美齡劃上等號，予人攬權的聯想，令宋美齡不是太開心。時任臺灣省財政廳長周宏濤向她獻策，圓山創建宗旨在接待友邦元首和國際貴賓，何不成立「財團法人機構」？以公益機構的概念來經營飯店，一來無須負擔營利事業所得稅，可以有更多的財源從事國際外交活動，二來又可以避嫌，可謂一舉兩得，宋美齡點頭應允，她欽定了五位發起人：周宏濤、尹仲容、俞國華、黃仁霖、董顯光，責令每人捐款十萬成立「財團法人臺灣省敦睦聯誼會」，成了紅房子實質上的管理者。

雖說是撇清關係，但五位發起人背景顯赫，與蔣氏伉儷若非親信，即是故交：周宏濤、俞國華是蔣介石浙江同鄉，前者擔任過他的祕書，後者是他的隨從官。周宏濤，可利用他臺灣財政廳長的位置，跟省政府聯繫。尹仲容是「臺灣銀行」董事長，有了這層關係，圓山跟臺銀調度資金自然不是問題。董顯光擔任過新聞局長，是蔣介石的英文老師，當年是跟蔣介石一起去過開羅會議的，飯店要推展外交和國際事務，當然要借助他的力量。黃仁霖時任國營招商局董事長，當年西安事變，他救駕有功，再者，他也曾做「勵志社」總幹事[2]，該單

1 《朱剛回憶錄》，https://www.slideshare.net/pete451f/ss-31641416，頁十三。

位是具有聯勤與軍官俱樂部性質的組織，找他來負責飯店的經營，是再適切也不過了。

聯誼會設有董事，又成立管理委員會，管理章程編列得綱舉目張，紅房子的運作有其依據，然而孔令偉一登場，吆喝著大隊人馬在紅房子裡出巡，一班董事們也與橡皮圖章無異。

飯店建了「金龍廳」、「翠鳳廳」、「麒麟廳」，一九六七年，獲《財星雜誌》評選世界十大飯店，經營得紅紅火火，然而房間不夠用了，又有了蓋新大樓的計畫。

那幾年，對岸文化大革命如野火燎原地蔓延著，紅衛兵破四舊、立四新，整個中國都快被掀翻了，蔣介石為因應局勢，特別成立「中華文化復興委員會」，欽定楊卓成設計圓山飯店，以中國宮殿建築形式興建，自然成為文化復興的指標建築。設計圖畫好了，樓高十四層兩百多個房間，預算兩億元，孔令偉看了設計圖，嫌屋頂這麼難看、這麼小，像是大人戴小帽，砍掉重練，預算增加成了四億五千萬。

其時，國安局局本部與飯店近在咫呎，國安局人員向蔣經國反映，他日新大樓落成之後，佔據劍潭山制高點，從西側任何一個房間往下眺望，安全局完全一覽無遺。然而蔣經國知道圓山飯店的擴建，背後出於繼母和這個表妹的意志，也只好摸摸鼻子，將安全局遷到石牌，成立實踐學社和石牌訓練班。

紅房子新大樓於一九七三年落成了，當年報紙是這樣報導的：「佔地二十英畝的圓山大飯店，前有蜿蜒的基隆河，後有陽明山為屏障，東望松山，西睽淡水河，極目所視，大臺北的景物歷歷在眼前，因此飯店本身就成了市內不可多得的觀光勝地。新建的十四層宮殿式大廈，飛簷遠伸於樓面之外，斗拱則垂在屋簷的裡面，七彩畫廊伴著丹紅圓柱，雙龍與琉璃金瓦一色，當華燈初上，整座建築物金碧華麗，光芒輝映四方。

「新大廈內，三至十樓為客房，可容納一千餘客人。每間客房均具有調幅收音機和十九吋的彩色電視機。在大樓底樓，可坐一百六十人的廣東點心廳和中國式茶館是另一特色。此外，參照美國方式設置的烤肉餐廳，將供應客人們美味的牛排與海鮮。有四扇鋁門的一樓大廳，展現在客人面前是寬敞舒適的休息室，黑漆椅上分別漆著藍綠色和黃色兩種椅墊。宮燈和壁畫夾襯其間，沉靜古雅中仍洋溢著活潑的氣息。大廳之東，由走廊通道電梯間，即專供江浙菜的中餐廳。大廳西側亦由走廊通往另一電梯和西餐廳。此外，還有四大間中西特別餐廳，在大理石樓梯下有一酒吧，酒吧外面兩端各有一間二十四小時營業的咖啡室，每間可容納一百五十人。圓山飯店二樓四面都有寬敞的迴廊，期間除供通行外，尚設有茶座。南面有

2 「勵志社」的前身是創立於一九二九年一月一日的黃埔同學會勵志社，是蔣中正模仿日本軍隊中的「偕行社」親手創辦的，最初該社是以黃埔軍人為對象，以振奮「革命精神」，培養「篤信三民主義最忠實之黨員，勇敢之信徒」、「模範軍人」為目的的軍事組織，此後又發展為具有聯勤與軍官俱樂部性質的組織。社長為蔣中正（兼任），實際負責人為總幹事黃仁霖。

國際交誼廳，三面都是落地窗，視野遼闊，可容量五百到六百人，專供舉行雞尾酒會之用。另外，北面迴廊連結平台達『金龍廳』。而鵲橋可通『麒麟廳』，西走廊則達『翠鳳廳』，使新舊建築連為一體。

「十二樓是整棟建築中最重要的一層，中間設有一千三百餘個座位的國際會議廳，座位均固定於鋼架上，這個廳的特徵是利用電動裝置，將全部座椅降至地下，使大廳在頃刻成為一座拼花地板空廳，可供其他用途。富麗堂皇獨一無二的總統套房也設在十二樓，專用的進出大門與外面隔開，套房內除一間休息室，臥房可供十人到十二人進餐用的餐室外，尚有設置電爐的特別餐具室，以供外賓們自己烹煮食物。圓山飯店在傢俱方面，均係本省出產的相思木製成，樣式略具我們明朝風格，除了二樓那一丈餘周公制禮作樂浮雕外，全棟樓各角落懸掛有故宮名畫複製品，包含二十四孝圖，松鶴圖，柏壽圖，鄭和七下南洋圖等珍貴藝術品。」[3]

飯店大興土木的過程中，孔二像個工頭一樣，叫人搬了張桌子，擺在飯店電機房的小屋子裡運籌帷幄。漢賊不兩立的年代，她連飯店遭到炸彈攻擊的情境都設想過了。「現在飯店不是有兩個密道？這是第二次世界大戰兩顆原子彈轟炸廣島和長崎給她啟發，說是密道，其實就是防空洞，這兩個防空洞水泥厚達五十公分，上面還有五十公分的泥土，加起來就厚達一公尺。怕疏散的時候，有些女人和老人腳力不夠，就設計成S型的滑道。」養護室的劉興明主任如此回憶。大廳上二樓的樓梯蓋了一半，她到工地量了階梯高度十六公分，說不行，要整個打掉重蓋，為什麼？只為官夫人出席國宴場合穿旗袍，階梯縮短到十二公分或十四公分，官眷們上下樓梯比較方便。

一九七五年，蔣介石過世後，孔二隨著宋美齡回美國，周宏濤奉宋美齡命令，擔任圓山飯店董事長，但孔二隔著千山萬水還能插手紅房子人事。總稽核王錦樑說孔二臨走前叮囑他要好好幫她看著圓山：「那幾年我營業報告定期要寄過去，寄給王督導，再由她轉交給蔣夫人和孔二。王督導，又叫做蕭太太，她到了美國之後，每年都會給我寄聖誕卡。王督導跟孔二應該原先在上海就認識了，在圓山的時候，她不懂會計，要我教她，教她怎麼看報表，成本怎麼分析。王督導有學問，眼光也很精確，當年民航局要我們投資空廚，各種設備要一億多，原來孔二不接，王督導直接跟夫人報告，夫人同意了，孔二就沒意見了。」

周宏濤掛名董事長，有名無實，晚年出版回憶錄，吐盡委屈：「我雖是董事長，但她（孔二小姐）一直以電話遙控業務，我也就沒有能介入經營。其實蔣夫人原先在管理委員會成立之後，確實有意把圓山大飯店交給省府經營，因孔二小姐不肯放手，也就作罷。孔二小

3 〈圓山大飯店新廈落成〉，《聯合報》，一九七三年十月十日。

姐在美國遙控業務那幾年，圓山飯店的管控出現漏洞，經理與副理之間不和，造成主管多存觀望態度，嚴重影響了業務；又人謀不臧，集體舞弊的問題也十分嚴重……此外更出現貪瀆事件，出納主任徐華昌於一九八一年九月任內病故，經過飯店經理清點，從大批私人往來支票裡發現他於生前侵占公款。經國先生很關切，就問我圓山飯店有沒有這回事，我回答有。經國先生就了解了，他沒再說什麼，但我知道他要我管管事，以董事長身分處理圓山飯店的問題，孔二小姐也就暫時罷手了。」[4]未料一九八八年，蔣經國過世，不到一個禮拜孔二班師回朝，當著圓山主管的面撕毀周宏濤規定的章程。

孔令偉呼風喚雨，乃是後面有宋美齡，可以挾天子以令諸侯。

抗戰勝利後，蔣介石改革幣制失敗，物價飛漲，孔家兄妹利用囤積民生物資，大發國難財。一九四八年，蔣經國奉命到上海打老虎，查封了孔令侃的倉庫，與孔家兄妹結下梁子。受寵的孔二在姨母身邊搬弄是非，無異深化蔣經國與宋美齡的心結。熊丸[5]說：「二小姐與經國先生兩人完全不對味，很多事情都合不來，讓夾在中間的我實在頭痛。……外面的人都說經國先生與夫人處不好，但其實經國先生是與二小姐處不好，而非與夫人。因為經國先生有許多見解報告給先總統後，先總統有時會把經國先生的意見告訴夫人，而夫人又會把意見告訴二小姐，二小姐往往反對，夫人又把二小姐的反對意見告訴先總統，先總統有時也會修改經國先生的意見，造成經國先生心裡很不痛快。經國先生與二小姐兩人表面看來都客客氣氣，但暗地裡卻互不搭調，意見總是不合，讓夾在中間的我感到十分為難。其實他們倆也沒什麼過節，只是兩人的個性都強，經國先生又看不慣二小姐許多作風，二小姐對經國先生的許多意見也不滿意。但因二小姐有夫人撐腰，所以經國先生對她也莫可奈何。

兩蔣已逝，孔二此次強勢回歸，再無忌憚之人。任職圓山牛排館的李繼昂於宋美齡九十大壽前被調進官邸服務，提及孔令偉的強勢，如此說道：「我記得進官邸那時候，蔣經國已經過世了，所有訪客來都要二小姐同意，依照訪客親疏遠近，有些在一樓會見，有些可以上二樓。常來的訪客是蔣緯國、辜嚴倬雲、郝柏村。蔣方良也會來，但不常，只有夫人過壽的時候會來，她身體更不好，坐輪椅，戴呼吸器，吃飯時，夫人還會夾菜給她。孝勇、孝武也會來，但孝武就只能在一樓，上不去二樓。因為他是李登輝提拔去當新加坡大使，孔二對李登輝的人馬是非常不客氣的。那時候不是鬧出一個老幹新枝的事件？說夫人要搶國民黨主席，其實夫人已經不管事了，都是孔二在後頭鬧的。她本來叫郝柏村出面，郝柏村不肯，孔」[6]

4 《記憶圓山》，李建榮，長歌藝術，二〇一七，頁一三三。

5 熊丸（一九一六—二〇〇〇年），曾擔任蔣介石官邸醫官，自一九八八年起，擔任臺北圓山大飯店董事長至一九九八年止。

6 〈孔令偉蔣經國水火不容〉，《旺報》，二〇一九年十月二十日。

・孔二故居。

二就把夫人搬出來，請了一個『振興醫院』的會計主任寫那篇老幹新枝的文章，寫完，她就拿夫人的印章蓋章。我在一旁服務他們吃飯喝茶，這都是我親眼看到的。那時候，夫人已經九十一、九十二歲了，在公開場子照這個稿子唸出來，跟唸台詞一樣。夫人都看總經理怎麼安排，她就怎麼做，講難聽一點，她就是被挾持的。」

那些年，宋美齡一直想回美國，但孔令偉在臺北，可以插手圓山飯店、振興醫院人事，滿足權力慾望，她嫌紐約長島無聊，一直敷衍著，農曆年時跟姨母說端午節就回去了，到端午節又推拖到中秋節，中秋節拖到第二個農曆年，姨甥為此起了爭執，偶爾也會冷戰。一有了口角，孔令偉賭氣，好幾天不下來吃飯，推託生病，最後是宋美齡拄著拐杖來敲她的門：「令偉，你好一點了嗎？」姨母外甥齟齬，都是宋美齡退讓。

某日，民進黨將士林官邸團團包圍，要鬧宋美齡，官邸外頭擺了好幾層的鐵絲拒馬，孔令偉拿一把上了膛的槍給李繼昂，要他一整天待在宋美齡身邊。李繼昂說他不會用，孔令偉厲聲說：「這是命令。」她房間放滿了槍，一位認識她數十年的部屬就感慨，除了因生在豪門，年輕時喜歡玩槍的習慣外，對自己沒有信心，不會處理人際關係，沒有安全感，也是主因。將「槍斃人」的口頭禪掛在嘴上，其實也顯示她內心深處的軟弱與無力，「主人個性就像她喜歡吃的辛辣食物那麼衝，我們雖然不喜歡主人的壞脾氣，但卻很同情她幾乎沒有朋友，生活上必須忍受的孤單寂寞，有時只有靠吆喝下人，來建立自己的信心，事實上，這種生活絕非我們一般人喜歡過的。」[7]

二月政爭、野百合學運……其時，外頭的世界已翻天覆地改變，唯有官邸春日遲遲。孔令偉可以呼風喚雨的地方也只剩下整個士林官邸。哪個廚子下班在宿舍打牌，哪個看護跟門衛半夜幽會，都逃不過她的法眼。宋美齡臨睡前，孔二就在來到姨母床邊，說官邸動態，也說圓山飯店、振興醫院、婦聯會的大小事。這個外甥女是宋美齡的耳目，讓她得從小小的鑰匙孔窺探這個世界。

一九九一年，這對姨母外甥終於離開臺灣，李繼昂也跟著到美國去，「那時候不是說她帶了什麼國寶回去，那行李都是我打包的，三百多箱行李，有一種回去長住的意味了，吃穿用度都有，哪裡有什麼國寶？」一九九四年，孔二因直腸腫瘤病變，返臺住進振興醫院接受手術切除，九十六歲的宋美齡遠渡重洋，搭機自美來臺，探望心愛的外甥女，一九九四年秋天病逝，那也是宋美齡最後一次離開臺灣。隔年，圓山大火，爆發池漢乾貪汙，五星級飯店林立，紅房子的風華彷彿都隨著宋美齡而去。

孔二雖將紅房子鬧個翻天覆地，但個性低調，生前有中時記者拍到她戴墨鏡去投票所投票的照片，她打電話給身兼中時高層的熊丸，要他把照片抽掉，嗆聲說她的照片豈能隨隨便便便外流？如此低調之人，死後沒留下多少照片，但倒是留下了一份財產清單。

一九八八年，監委林純子收到密函，稱圓山飯店「830」和「329」房間藏著故宮文物，她興沖沖地率眾前去，「四坪大的房間，除了二張破沙發外，最醒目的是有二十三個大小不等體積的物箱，每個都被打包完整，像是準備要郵寄。其中有一件，長約一五〇公分，寬約六十公分，類似掛幅，上頭貼有華航『Checked Baggage』字條，側面有張用總統府簽條紙所寫的字條，上載『謹呈總經理』，據判斷，該件物品應由國外寄來，但物品兩邊郵寄地點已被撕去，難以辨證。」據報導，房間中霉味甚重，房間內有數個舊箱子，一是貼有「總經理衣料」，一則貼有「葛小姐」衣料，雜亂陳放。牆腳有一堆舊報紙，開頭的一張是民國六十五年十月二十九日《新生報》，一版頭條是「蔣夫人發表與鮑羅廷談話回憶」，據判斷這份報紙留在原處已有十二年時間，色澤良好[8]。

林純子興沖沖地打開二十三個木箱，以為寶物就在其中了，國民黨婦工會主任錢劍秋送了兩瓶陳年壽酒、鄧述徵則送了汕頭抽紗廠枕巾及干貝、海參罐頭。數個小枕頭，上頭寫著

7 〈孔二小姐 政壇褒貶不一 與蔣夫人情同母女 口頭禪「我說了算」〉，《聯合報》，一九七四年十一月九日，版七。

8 〈圓山飯店尋寶 空手而歸 藏寶樓傳聞 繪聲繪影 林純子帶勁 今訪故宮〉，《聯合報》，一九八八年八月十九日，版四。

「77．4．29士林啟用」，她將木箱裡的事物列了清單，孔二小姐人生風聲水影的傳說，最後也只剩下這樣一個清單：「馬祖老酒七瓶，景陽酒、杜康酒等大陸名酒多瓶，觸摸式檯燈兩座，美國國旗一面，腳踏車一輛，Calmex鮑魚罐頭一打，人生牌浣腸七十四個，摺疊矮椅三套，打蠟機三個，大小毛巾合計一百多條。」

人物故事

劉興明／90歲
前養護室主任

槍與暗號

我進圓山的時候剛好「金龍廳」完成，要收尾了。後來就是「麒麟廳」、「翠鳳廳」，還有一個聯誼會。那是榮工處蓋的，小蔣還有到現場巡視。後來，孔二小姐從美國搬過來了，我們都叫她總經理，不能叫她「二小姐」，她會生氣。要叫總經理。她調我去養護室，那個地方很官場，我不想去，但她說不行，這是命令。有一次她把我找去官邸，說她從美國帶回來的吸塵器雜聲很大，要我想辦法處理。我拆開來修，一共要拆二十幾個螺絲，零件一項一項檢查，馬達、軸心用砂紙磨一磨，再裝回去，就沒這麼大聲了。吸塵器修好了，我說：「報告總經理，我要回去了。」她又要我拆開來一次給她看，很調皮。

後來她什麼事樣樣都找我，我也很煩，但我們領薪水的，樣樣都要聽她的指示。有一次晚上十點多，她打電話給我，我枕頭都躺一半，都要睡覺了，她要我馬上到官邸去。我不知道什麼事，過去了，看見她在擦槍。她倒一杯酒給我，要和我聊天。那時候我還年輕，能喝，但我說我不喝。她講她在美國的故事、在上海的故事，香港的故事。她叫我講臺灣的故事給她聽，我就講臺灣的風景給她聽，講日月潭水深，講基隆碼頭，不然我也沒題目。我問她有沒有去過？她說：「我如果去過，我就不會問你了。」

那一次進官邸還要暗號，她每天給警衛安排不同的口令和暗號，星期一到星期天的暗號都不一樣。那時候警衛都是大陳人，沒有大陸人和臺灣人，她說大陸人多嘴雜，這些都她講給我聽，我才知道的。我們的牌樓是找很有名的地理師來看過的，原來的方位要十二年才有錢賺，如果轉了向，六年就可以賺錢了。因為圓山的地形我比較清楚，所以當天地理老師看風水，飯店就安排我在他旁邊，他有什麼需要，我就請人拿過來，簡直把他當寶一樣。

我本來有整套的圖面，放在養護室裡。那時候本來還要往海軍俱樂部那邊蓋，但因為蔣介石身體不大好，跟種種原因，就沒有繼續蓋下去。本來要蓋一千個房間，最後也只有七百多個。飯店的建築師姓楊，我們叫他「ＣＣ

楊」，現場負責一切的工程師叫做黃輝煌。有一次他跟總經理孔二小姐吵架。當時，總務室擺了許多餐盤，那些龍盤很大很重，每個樓層的承載量有限，他說餐盤不能擺總務室。孔二小姐說，餐盤不能擺總務室，要擺哪裡？兩個人就拍桌子吵架。我也跟她吵過架，那是這個大樓蓋好之後，她來這裡吃飯，吃飯的時候，燈光突然都暗了，我一查，是保險絲燒斷掉。我換保險絲，她罵我為什麼不換銅線，就不會燒掉啊。我很火大，說：「用保險絲就是為了保險起見。」也是拍桌子罵回去，同事都說我膽子很大。

飯店屋簷本來六十公分，往外推兩公尺半。屋簷拉寬乘載量是三倍力量，這她也有算過，外面橋梁就算汽車擺滿，人也站滿，頂多一萬噸乘載力，但圓山飯店都打了盤圓[1]，做到三萬噸，她說臺灣地震多，左右搖晃地震，完全不怕。

總經理做事想到未來的事情，她不是蓋了兩個隧道？第二次世界大戰，兩顆原子彈轟炸廣島和長崎給她啟發，這兩個防空洞，水泥厚達五十公分，上面還有五十公分的泥土，加起來就厚達一公尺。

1 盤圓，又稱盤條，是建築工程施工中常用的名稱，表示直徑是十毫米以下的鋼筋，因為十毫米以下的鋼筋容易彎曲，在運輸前為減小長度，就在廠家把很長的鋼筋捲成一圈一圈的圓環狀，在建築工地上把這樣的鋼筋簡稱為盤圓。

過去的圓山，外國人談什麼國家大事都在圓山，邦交國的國慶日也都在圓山舉辦，很熱鬧。也因為很多各國總統大使往來，飯店的安全防護做得滴水不漏。

就我知道的範圍，圓山飯店周圍有四個憲兵，四個警察，中山北路、南京東路，總統要走這條路上班，民權東路兩邊不能走，有一個老阿伯不懂，看沒人走，就騎腳踏車過去，被抓起來。家裡的人一直沒找到。那時候思想偏歪了都會很慘。有些人都會故意講國民黨壞話，套你的話。朝代不一樣了，現在小孩命真好。跟他們講阿公的時期很可憐，他們聽不懂，那是你的代誌，你的古，講到過去會掉眼淚。

人物故事

李繼昂／65歲
前資材組組長

在孔二身邊的日子

我二十五歲申請從緬甸來臺灣，手續跑了兩年，等於是二十七歲那年來的。那時候蔣總統歡迎海外僑胞來臺灣，有個大陸救災總會，機票都是政府補助。我記得那時候飛機是從仰光飛曼谷，曼谷飛香港，再飛臺灣，因為是最後一班飛機，來臺灣都很晚很晚了。隻身一人出來，輕裝簡便的，身上只有五十塊英鎊才能出國，因為軍政府規定只能帶五十塊英鎊出國。

當年國共內戰，雲南的年輕人都會到緬甸討生活，我爸也是。我爸做生意，他很有錢，朋友都向他借錢，可我們同時也是書香世家，我爸畫國畫、毛筆寫很好，還在臘戍辦華語學校，當校長。鴉片大王羅星漢，毒王坤沙都是我爸的學生，我爸過世，他們還說要不要辦得盛大一點。我念華語學校念到高中，那挺不容易的，因為軍政府排華，動不動就斷水斷電，要你關校。高中畢業後到仰光，我姊姊在仰光開咖啡館，學著煮咖啡、烤蛋糕，日子還過得去，但就是不喜歡被管，那時候在街上走，軍人動不動就來查你的身分證，很不自由，就申請來臺灣了。

一個朋友在圓山當經理，介紹我來牛排館，那時候有二、三十個緬甸同鄉在這，都可以組成一個緬甸幫了。離鄉背井來這圓山端盤子當服務生，雖然做的還是以前的事，但現在是穿西裝打領帶，在有冷氣的地方工作，境界還是不一樣。那個環境可真高級，銀器、木雕、銅器，吊燈、地毯、鋼琴，客人都是外國人，我也常常在牛排館看過李遠哲、丁肇中，那些在國外喝過洋墨水的，都知道要來圓山吃牛排。

薪水八千塊，那薪水在緬甸可以過一年囉。在圓山的第一年，我就拿到了優良員工表揚了。後來，攢了錢，考駕照後跟同事買了一台二手裕隆，沒有排班的時候，就兼職開計程車，當年，在圓山兼差風氣還蠻興盛的。

大概是第二年的時候吧，總經理孔二來牛排館吃牛排，我們領班叫我坐她的檯，那時候牛排館內部有一個獨立的空間，她每次來，都坐那裡。當時有耳聞她很兇，但初來乍到，也不知道怕，心想就平常心對待。服務了她一次、兩次，後來她每次來都是我服務，不單單在牛排館，就算她去圓苑吃北方菜，上頭也會叫我去支援。要是提前知道她要來，連碰到我休假，領班都會叫我換休。她每次來，什麼徐經理、宋武官啊，飯店高層什麼的都會作陪。點菜的時候，她點ROAST BEEF，其他人就點ROAST BEEF，她點洋蔥湯，別人也點一樣，好像變成一種默契，可明知是這樣，但點菜的時候我們還是得做做樣子，一個一個問，下屬還真的不敢點其他的東西。

在圓山第三年，我被調到官邸去了，我去的第一天，總經理就跟我說：「李繼昂，好好幹，我不會虧待你的。」圓山一天工作八小時，可到了官邸簡直是二十四小時待命，又沒加班費、小費，反而更辛苦了。這段期間，我也不是不想離開，那時候應徵上了「凱悅飯店」的工作，高層知道了，才加我六千塊。那時候從圓山去官邸支援的人來來去去的，但不知道為什麼後來就只剩下我一個人。

官邸的布局是這樣，房子一、二樓，下頭是招待所，會客所。二樓是夫人和總經理的房間，還有一個會客室。在那邊的日常作息，就是一早給孔二送花、送剪報，然後伺候她們用餐。夫人中午固定吃西餐，吃牛排、烤雞，晚餐吃中菜；我等於做桌邊服務，夾菜、布菜。夫人不會主動去夾菜，你不夾給她，她就不吃。她們食量很小，肉也是兩三片、馬鈴薯一塊，一碗雞湯都喝不完。孔二喊夫人「孃」，飯桌上興之所至，她會遞過菸來喊：「孃，抽一根。」夫人搖頭，她就吆喝喊：「抽啦！抽啦！」我們幫總經理點火，她幫夫人點火，夫人九十幾歲還抽菸。

用過晚餐後，夫人那邊有一個大陸來的陪嫁佟媽照料，我還要幫總經理張羅宵夜，水果滷味燒餅什麼的，她天天要吃這些東西，弄完也都八、九點了，一時興起，說要吃大閘蟹，師傅下班了，都是我蒸的，總之，每天行程差不多就是這樣。我跟工作人員住一個房間，我們那邊有園丁、廚子、司機、隨扈、花匠、掃地的、理頭髮的，跟軍隊沒兩樣，還有福利社咧。工作人員光吃飯就開三桌，廚子有兩班，一班給夫人燒菜，一班給員工煮飯，我們吃的當然比不上圓山的員工菜色，就墊墊肚子吧。

總經理偶爾會在官邸散步，大家看到她都戰戰兢兢的，因為她看你閒閒的，會受不了，會找事情給你做，幫狗洗澡啦、剪指甲什麼的。官邸電話響了，她也不接的，都叫我接。她不大讓人進她的房間，因為房間抽屜、衣櫃打開都是槍，浴室也是。

幫她打掃房間的也是我，她下午四點半去「振興醫院」，七點回來，我就趁這個空檔除塵、打蠟、換床單、鋪床。她也是妖怪，我休假換別人鋪，她就抱怨不好睡。她算是很信賴我，但我剛去官邸，她還是會試探我，勞力士、卡蒂亞，名貴的手錶亂放，然後問我什麼東西放哪裡。有一次問我，某某人是不是在官邸打麻將啊，我說我不知道啊，她哼了一聲，說：「問你什麼都不講，問了也是白問。」

政爭之後，李總統親自去見夫人，我們也準備了棗糕、杏仁茶，並不是像坊間說怠慢了李登輝等待了四十幾分鐘。夫人坐右邊，總統坐左邊，孔二也在旁邊。後來李總統離開，他人高馬大，步伐很大，我只見總經理在後面，亦步亦趨，好像小跑步一樣，印象非常深刻。

進官邸沒多久，碰上夫人九十大壽，那時候辦得很盛大，官邸人手不夠，還請圓山派了很多人過去。那時候圓山做了好多水果蛋糕送過去，內餡是泡過四、五個月洋酒的蜜餞，因為沒有加水，蛋糕可以放很久，都不會壞。外面鋪奶油，放久了，蛋糕跟磚塊一樣硬硬的，切開來很香。後來，夫人一百歲在美國，我也在她身邊服務，等於我在她身邊從九十歲到一百歲。

夫人去美國，從松山機場起飛。總統、五院院長親自來送機，在跑道上排著，郝柏村是行政院長親自上飛機。那應當是中秋節前後吧，因為我記得那幾天是滿月，晚上月亮又圓又漂亮。夫人從臺北去美國，行李都不用查，羅斯福總統給夫人「榮譽國民」的身分，都不用進海關。夫人是不打算回來了，她跟孔二養的狗也帶上了，在阿拉斯加轉機的時候，我還下去遛狗，冷得要死。夫人養兩隻狗叫「莎莉」和「芭比多」，孔二也養兩隻，「LUCKY」和「LADY」，都是流浪狗，剛抱回來的時候，皮膚病一大堆，後來花錢請醫生治療，養得毛色油亮油亮的。

夫人他們在紐約官邸有三處，長島、紐約五馬路（第五大道），跟中央公園八十三街，都是孔家的房產。夫人一開始住長島，後來因為要看病看牙什麼的，就搬到曼哈坦（曼哈頓）來。長島的房子搞不好有圓山這麼大，游泳池、跑馬場、花園都有，開車從大門進去，開到屋子都要開好久。總經理喜歡臺灣的竹子，也拿過去那邊種，園子裡都是花。那時候圓山、振興、榮總、國安局都派了人過去，二三十個人的編制，洗衣服、買菜、管家吃飯都要分開吃。我在那邊，說是服務他們，但也類似管家，什麼都要做。

其實那時候我老大不願意去。我說我要結婚，但孔二跟我說，去一年就好，結果去了不到一年半，她就生病了，大腸癌，她回來臺北看病，卻不給我回來，臨走前，把一大串鑰匙給我，說：「繼昂，我跟你講啊，你好好幫我看著房子，鑰匙都交給你保管，房間你不要隨便帶人進去喔。萬一失火，你不要去救火。你只要幫我把包包的東西看好就好了。」那時候她叫我跟她去清倉庫，倉庫裡面一箱箱像是電影《鐵達尼號》裡那種大木箱，都是他們從上海帶來的，打開來霉味很重，象牙啦、國畫很多，一卷一卷的，張大千什麼的，她請人鑑定，一張一張都要登記。

總經理去臺灣就沒再回來了，那時候她躺在醫院，迷迷糊糊的，我打越洋電話給跟她說：「報告總經理，我們要回去，期限到了。」她說：「你再延長一下。」大小姐知道總經理也快不行了，要我們找出總經理的衣服，準備後事，她說：「總經理冰箱裡面的東西，起司巧克力什麼的，要我們通通把它吃掉。地下室還有很多酒啊，你們要喝就喝啊。」那些都是蔣公七十大壽、八十大壽的高粱。打開，好香啊，一喝就醉。

總經理死後，我等於大小事變成聽大小姐差遣。大小姐住五馬路，妹妹死後，她家中什麼古董、名畫都拿出來擺飾了，一屋子的寶貝，有一顆翠玉白菜，比故宮的還大。打掃的時候，櫃子挪開，夾縫中一本書，是國父墨寶《中華民國憲法》。有一次，我休假，去逛大都會博物館，在裡頭看一本書，叫什麼《世界名畫大全》，一翻開看見文章介紹郎世寧的香妃畫，愣了一下，心想：「這不是掛在大小姐家的畫嗎？」

夫人在美國的時候，辜嚴倬雲女士、連戰夫人都會親自拜訪。一回陳水扁夫人過境，駐美代表親自送來一盆吳淑珍女士送來的蘭花，白色的，很漂亮。我記得那是星期五下午，我打電話給宋武官，他說花和卡片都先藏在我房間，別讓夫人看到。官邸週末沒人上班，直到星期一，宋武官才請示大小姐，兩個人議論一陣子，然後要我轉達說夫人身體不好，不方便接見。隔天，夫人突然從樓上走下來，說要看那盆蘭花，她平常幾乎不下樓的，但那天精神很好喔，九十三、九十四歲的人，看到蘭花，很開心，說：「花很漂亮啊，讓花曬曬太陽。」她要我把窗簾拉開，自己就在窗邊喝茶、看報紙，待了四十分鐘。上樓前，還要我把花拿到她房間。可惜吳淑珍那時候已經不在紐約了，到西部去了。要不如果兩個夫人見面、談天，照照相，這就是歷史鏡頭了。

夫人一百歲的時候，李總統派胡志強給她祝壽，送來一副歐豪年的《山高水長圖》，那時候場面很盛大。一〇二歲，她還可以從官邸到大小姐五馬路那喝下午茶，還穿著高跟鞋喔，左右被攙扶著，一邊是護士，一邊是安全人員。她晚年還打麻將，官邸平常冷清清的，但夫人小姐打麻將就熱鬧了，院長啦、辜嚴倬雲女士都會來。一來就問我們員工幾位，先給小費，四位就四百美金，五位就五百美金，要我們自己去分，因為我們要幫他們準備桌子、麻將和食物。今天打一整夜的麻將，昨天就要準備，明天還要收。打一場麻將，我們要忙三天，但打麻將那一個熱鬧。不過，五桌變四桌，四桌變三桌，一個一個老了，走了，湊不了一桌。後來政黨輪替，陳水扁鬧出了阿卿嫂事件，圓山就不派人過去夫人那邊了，我就回來了。

掌櫃人生

人物故事

王錦樑／95歲
前總稽核

我三十七年去南京考大學，沒考取，那時候局勢變了，年底，我改考海軍艦隊，順利考上了。我沒受過軍事訓練，但部隊寧可不要那些有受過軍事訓練的人，怕他們思想不好，會叛變。三十八年，共產黨打到南京，我們撤退到寧波、舟山群島，然後坐船到了高雄。

我一個人出來，舉目無親，離開軍中，一個人都不認識。大概是三十九年、四十年，我到聯勤軍需受訓，畢業後又回海軍司令部，上了「丹陽」軍艦，那是一艘驅逐艦，我在船上待了四年。四十六年，第七艦隊司令畢葛來上將來「丹陽」軍艦參觀，要招待他吃飯，吃西餐。上頭要我負責，我看都沒看過西餐，怎麼辦呢？我們的廚子也都不懂，我就請了外面的廚子上船，請他換上海軍的制服，結果畢葛來上將吃得很高興，上面對我也讚譽有加。

四十六年底，我被調回臺北海軍總部做參謀。陸上和海上的日子不一樣，下班我有時間可以去補習英文，四十九年，考取公費留美；五十年，從美國回來，就調國防部做美援工程。那時候碼頭、機場都是我們做的。當時軍官薪水六百塊，外事加級六百，等於一千二，在軍人之中待遇算很好了。不過雇員更好，起碼兩千到四千。五十五年，臺灣經濟慢慢起來了，美援不需要了，我們很多人被裁員。當時，我們的局長是麻省理工學院畢業的一個中將。高玉樹做臺北市長，需要建設，就請他來幫忙。他把全部的人帶到工務局，公園路燈什麼的，都是這些同事負責的。這個局長本來要我做會計主任，我說我不想當公務員了。那時候很多美商在臺灣投資，這些公司財務長都是我在美國的同學，我一心只想到美商去。

有一天，沒上班，我去鼎興營區[2]吃飯，部長來了。部長是誰？蔣經國啊。他走進來，我坐也不是，站也不是，只好悶著坐在那邊繼續吃麵。結果他

2 位於臺北民權東路三段，為一憲兵營區。

來到我面前，問：「麵好吃嗎？」我喊了一聲校長，他愣了一下，問我哪間學校畢業？我說：「贛州正氣中學。」他那時候在那邊當校長，他問我為什麼不上班？我說我身體不好，要調離單位。他也沒說什麼，他的事政官叫顧崇廉，後來當到國防部副部長，是我船上的老同事，第二天打電話給我，說：「王錦樑，圓山飯店有缺，你要不要去？他們要一個懂英文、懂會計的。」我準備中英文自傳寄過去，但那時候對圓山飯店也一無所知。

面試的時候，我被帶進一間房子裡，坐了五、六個人，經理、副理、總會計、副總會計，我誰也不認識，突然之間，一個人穿長袍梳西裝頭，大踏步走了進來，這些高層看到這個人都站起來了，喊了一聲「總經理」，那就是你們所說的孔二小姐。孔二小姐已經看過我的自傳，她就說了一句：「要幹你來幹，好好幹，不要做個兩三天就跑走了。」

我民國五十六年來，但房子不夠用，要蓋新大樓。孔二看了設計圖，覺得不倫不類，說很像大人蓋小帽，背景要拉寬。屋頂需要琉璃瓦，我們就去桃園找到一間公司做廟宇屋瓦的，請他試燒，成果非常漂亮，他說他可以做，但燒完要曬瓦，他沒有地方可以曬。我說：「這工程如果是你標下來，需要百分之三十的押金，我們不要你的押金了，但我們要監工，你可以拿這筆錢先去買地買田，就可以曬了。」那時候他買了一批地，很便宜，後來國家蓋高速公路，公路經過他的地，等於發了一筆財，下半輩子都不愁吃穿，他一直跟他兒子說要感謝王主任喔。

屋簷做出來很漂亮，那時候「飛利浦」公司要到臺灣投資，他們說，公司來幫忙設計圓山的燈，沒有設計費，只算成本價。一做出來，哎啊，多漂亮，金碧輝煌，還上了《讀者文摘》的封面。飯店蓋新大樓，孔二小姐出力很多。記得那時候大廳蓋到一半，格局像是現在的「麒麟廳」，她一看說不行，說不夠氣派，要敲掉重蓋。本來的設計是兩百多個房間，也是她一句話說不行，就變成四百多個房間，預算就從兩億變成四億五千萬。不過鋼筋、水泥都是「唐榮鐵工廠」和「台泥」辜振甫提供，他們看夫人的面子，都算成本價。如果不是蔣夫人的話，什麼都搞不起來。

那時候我是會計主任，飯店很多窗簾、餐具都要進口，但很多東西都公賣局管制，一切都要有出入許可證，那時候蕭萬長是公賣局第三組的組長，管進口的，我都和他接洽。我們的地毯從樓梯鋪到門口，用紐西蘭進口的羊毛，六萬磅羊毛，再請退輔會的人來織，一塊地毯用五層樓高的架子掛起來，非常壯觀。

過去制度不健全，沒有財產會計，我建議改會計制度，雖然有資產負債表，商業計算術，但帳簿不夠，孔二對我蠻信任的，我同事說：「正經理（孔二）對你這麼好，很多人挨罵，你都沒有。」到民國六十年，我的薪水就達到五千塊，「希爾頓飯店」那時候成立，要挖角，開價一萬六到一萬八，想想對這個地方有一份感情，也還是留下來，但那時候我管好多事情，進口、會計都是我負責，挺辛苦的。創業維艱，守成不易，我在那段時間，沒休過禮拜天，有一次過農曆年，我還待到晚上九點多。

空廚成立，結果經濟起飛，沒有幾年的時間，我們就把四億的貸款還清了。六十八年，中美斷交，那時候談判還是在圓山十二樓談的。中美斷交後不是有《臺灣關係法》？那是怎樣來的？那時候夫人在美國，她跟國會裡面的人很熟，那時候有一個美國參議員高華德，他時常去紐約拜訪夫人，孔二吃辣椒，他吃飯的時候也跟著吃，喜歡得不得了，我們這邊就做了許多辣椒醬寄到美國去。夫人要他來臺灣度假，安排他在圓山住了一個禮拜，他在這邊跟留美同學會的演講，講到掉眼淚，今天我們還受《臺灣關係法》保護，要不是高華德也不會有。

民國七十年，圓山出納主任徐華昌挪用公款，有一個劉副理袒護他，因為很多事上頭不讓我管，所以我沒有責任。七十一年，夫人寫信給省主席李登輝——圓山隸屬省政府，省主席是我們管理委員會的委員，要他來監管。蔣經國後來也曉得了這件事，但政府要改組，李登輝要做副總統，他說圓山本來就有一個財團法人的組織，本來只是虛設，七十二年之後就正式財團法人化。

財團法人化之後，周宏濤當董事長，七十七年，蔣經國去世，夫人跟孔二回來了，圓山主管去見他，孔二問王錦樑呢？有人說：「王錦樑被打下冷宮了」，我本來是會計主任，雖然把我升職副總會計，但有職無權。孔二說叫王錦樑回來，我就變成正稽核。八十三年孔二去世，八十四年圓山大火，燒了之後陳水扁當市長，不發執照，鬧了許多事。八十六年，我申請退休，七十歲。退休不到兩三天，之後就發生了總經理池漢乾貪汙的事情，待了三十年的地方變成這樣，我很傷心，從那時候就不大回來了。

第八章

中美斷交

分手

一九七八年十二月十六日凌晨十二點半，七海官邸蔣經國臥房裡的燈突然亮了，刺眼的燈光驚醒睡夢中的蔣經國，他張開眼睛，見他的英文祕書宋楚瑜站在床頭，口氣不慌不忙地問：「什麼事？」宋楚瑜小心翼翼地回說：「安克志大使緊急求見。」宋楚瑜稱詳情還不清楚，可能有關中美關係發展的問題。蔣經國頓一下，然後說：「你請他來。」[1]

清晨兩點鐘，安克志抵達官邸，午夜訪客帶來噩耗——美國隔天要宣布和中共建交了。

當夜，七海官邸燈火通明，蔣經國召集政府高層開緊急會議，與會者有行政院孫運璿、外交部長沈昌煥、次長錢復、中央黨部祕書長張寶樹、參謀總長宋長志上將。當時宋楚瑜就坐在客廳邊上的屏風後待命，聽蔣經國與官員們研擬對策，討論何時發布緊急命令、停止隔週的增額中央民代選舉、接受外交部長沈昌煥的引咎辭職等。在場的孫運璿也激動地表示要辭職，但被蔣經國擋下[2]。

隔天上午九點，美國總統卡特在華盛頓宣佈隔年一月一日起，美國將與中華人民共和國建交、終止與中華民國的外交關係，並廢止一九五四年雙方簽署的共同防禦條約，以及撤出駐臺美軍。這是中華民國自四九年撤退到臺灣，經歷一九七一年退出聯合國之後，再一次嚴重的外交挫折。中美關係漸行漸遠，走到斷交一途並非無跡可循：一九七二年，尼克森破冰訪中，雙方簽署《上海公報》。一九七五年，福特以新任總統身分再度訪中，表明兩國建立外交關係的意願，美中每次互動，華府都會派人告知臺灣當局，蔣經國對美中臺關係的改變，不是沒有心理準備。而中美建交，蔣經國卻在七個小時前才被告知，其悲憤不滿自是不在話下。

他在日記中記載：「美大使於十六日清晨謂有緊急事要求來見，果然不出所料，通知美國將於六十八年一月一日承認共匪，同時與我斷交，當即以嚴肅之態度，向其提出最嚴重之

1 謝佳珍、林淑媛，〈四十年前那一夜 臺美風雲變色危機七小時 宋楚瑜專訪〉，《中央社》，二〇一八年十二月十七日。

2 李建榮，《記憶圓山》，長歌藝術，頁一八七。

抗議，內心憤恨痛苦，事已至此，身負重任，只好以理性處理此一大變。當即約見黨政軍負責人商談，十六日宣布非常法三條，並停止進行中之選舉，已先安人心。十八日召開中央全會，討論中美關係有關問題，為期一天，大家悲憤，但意見一致。」[3]

十二月二十七日，卡特派遣副國務卿克里斯多福來臺，協商臺灣與美國斷交後續該如何互動，以及維持何等的關係。臺灣派出新上任的外交部長蔣彥士、常務次長錢復等人與克里斯多福會談，美方代表團下榻圓山大飯店，會談地點也選在圓山大飯店十二樓的「峨眉廳」。當晚十點，克氏專機抵達松山機場，克里斯多福與錢復是舊識，兩人一年多不見了，但錢復接機時面色嚴肅，什麼寒暄客套話都免了，僅說了一句「飛行都還順利吧？」，就低頭將手中聲明稿誦讀一遍：「副國務卿先生，做為多次與貴國並肩作戰的長期盟友——中華民國的官員，此時此地和您見面，心情非常沉痛。保障自由人權，素為美國傳統立國精神，卡特總統曾經強調，人權是美國外交政策的靈魂，但具有諷刺意味的是，他的政府卻決定與中共建交，承認全世界最殘暴的政權。」此份聲明稿原本是準備給蔣經國在適當場合發表的，但他想了一下，說不如和美國代表團見面時，就把它唸一唸吧[4]。

錢復於專機降落前半小時來到候機室，見機場已被抗議人潮包圍，建議美國大使館副館長浦為廉走側門，改道前往圓山飯店，浦為廉說泱泱大美國應當開大門走大路，並未接納錢復的建議，未料，代表團一出機場就被蜂擁而上的大學生砸雞蛋、丟番茄，群情激憤的民眾高喊「中華民國萬歲」、「美國狗滾蛋」等口號。

學生們多為國民黨青工會與救國團動員，由教官領隊帶來，警方維安僅僅是做個樣子，激憤一點的學生甚至可以爆衝到車子前面，拍打車窗、引擎蓋。抗議人潮拖延了車隊行進速度，人群之中一枚突如其來的石頭打破車窗，破碎玻璃劃傷了克里斯多福的臉，一群人取消下榻圓山飯店的計畫，改奔陽明山美軍協防司令官邸。克里斯多福勃然大怒，致電華府，請求原機返美，他驚恐地說：「都是暴民！拿著竹竿、眼睛充滿血絲！我們生命受到威脅……」但未被卡特接受。代表團直到抗議人潮散去，才前往圓山。

車隊午夜時分抵達飯店時，一行人滿身蛋液和菜渣，非常狼狽。圓山飯店餐飲顧問黃永基當年是「松鶴廳」領班，他說憤慨歸憤慨，工作歸工作，飯店員工仍幫代表團準備宵夜，其時，克里斯多福脫下身上的西裝要求送洗，負責送洗的是服務領班賴照來，他百般不願意，訕訕地說道，大半夜的，送洗衣店根本來不及啊，而且萬一消息傳出去，群眾怒火可能

3　蔣經國，《蔣經國日記》，一九七八年十二月三十日〈上星期反省錄〉、十二月三十一日〈本星期預訂工作課目〉。

4　謝佳珍、林淑媛，〈四十年前那一夜 臺美風雲變色危機七小時 宋楚瑜專訪〉，《中央社》，二〇一八年十二月十七日。

・美國副國務卿克里斯多福率領談判代表來臺，在圓山飯店就中華民國與美國斷交之後安排進行談判，國史館提供。

更火上澆油了吧。但外交人員說，克里斯多福隔日要見蔣經國，總不能讓他們在總統面前失了儀態吧？賴照來只得硬著頭皮接下任務，在其他同仁的協助下將衣服洗淨，並在克氏趕赴總統府之前將西裝整燙出來[5]。

「中美斷交我全程參與。那時候我同時在京華、圓山上班，十二月二十七號，我在圓山上早班，京華上晚班，圓山主管王萬緊急打電話通知我，說第二天一早要趕緊過去，幫忙布置『峨眉廳』。我、黃振源（外賣部副理），還有另外一個同事，一共三人在裡面服務，現場只準備幾樣自助式餐點和點心，當時氣氛緊繃，旁邊站滿記者，省主席也做坐鎮現場，因為這以前是省政府的地，那是我們的大老闆房東。」黃永基回憶當年的情景，說外交部交代要把談判桌布置好，桌上擺好兩國國旗，每個座位前倒滿水，待一切擺設務符合國際禮儀之後，便退到場外待命。

當時談判主談人是外交部常務次長錢復，中方代表團有外交部長蔣彥士、參謀總長宋長志、新聞局副局長宋楚瑜等人[6]，臺北的立場即秉承蔣經國指令，希望斷交後仍能維持政府與政府的關係。錢復回憶第一場會談於下午三點半舉行，主要談中華民國堅持主權和臺灣

5 李建榮，《記憶圓山》，長歌藝術，頁一九〇。
6 同注釋5。

法律定位問題，雙方會談三小時，期間沒有人起身上廁所，但未取得共識。黃振源當時服務一樓的西餐廳，說當天晚餐，克里斯多福因前一晚飽受驚嚇，食慾欠佳，僅點一客總匯三明治，落寞地坐在角落用餐。

隔天，雙方又討論臺灣的安全防務、軍售議題，與斷交後兩國在對方所設領事館善後進行兩輪會談，期間，蔣經國也約見美方代表團，除了表達抗議，也提出「持續不變」、「事實基礎」、「安全保障」、「妥定法律」和「政府關係」五大原則，克里斯多福態度冷冷的，僅表示會將蔣經國的話轉達卡特，但美方未必會照單全收。錢復回憶，三輪的談判，美方根本不打算考慮臺北所提之主張，不論國府立場如何，皆以華府與北京達成的協議內容為優先考量，而二十七日晚上的暴動給了美方一個立場強硬的理由[7]。當天下午會談結束，克里斯多福即不耐煩地率領代表團匆匆離開圓山，直奔機場，並直接放話：「美國將不會再派人來臺北了，臺灣方面要談，就派人到美國去吧。」[8]

歷史造化何其諷刺，當初紅房子為見證中美友好關係而建，然而兩國黯然斷交，也在同一棟紅房子。

月底，外交部政務次長楊西崑赴美，由他掛帥主談，展開逾三十場馬拉松斷交談判。雙方各自代表政府立場，各有堅持，光是中華民國駐美國機構的名稱與數量，楊西崑與美方的協商多達三十多次，經過來來回回的談判，終於確定了外館的名稱與數量，「大使館」名稱改為「北美事務協調委員會駐美代表處」，駐美國館處的數量也從十四、十五個減到剩八個。

二月，宋美齡得知臺灣接受「北美事務協調會」的名稱，竟大發雷霆[9]，致電痛責蔣經國：「《紐約時報》二月九日報導……，我方已自動在華府開始籌備協會，接受美方強求之請，閱後驚訝不已。……幸此問題尚在全參會開會時，承可否決之。……現在此間情緒友我者及非友我者，因其他因素均在不同程度下，傾向於我為挽救誤會，負責商討者應公開引咎向政府提出辭呈，以謝國人。如此彼等即復成民族英雄，免友人嗤笑彼輩為曹汝霖、章宗祥之流。……可預測者即是形成臺獨國內借題發揮之暴動騷擾，繼之造成之禍害美方推卸責任，托詞謂大陸用武力統一者已非中華民國而是臺灣國也。美對伊朗之保障乃前車之鑒。余向來對銖細末事均可採取或容納中外及各方意欲，惟對中華民國之存亡大關鍵無可圓融，志不可奪，即其欲逐余離去亦由之，且引以為革命者之殊榮。母。」[10]

7 林孝庭，《蔣經國的臺灣時代》，遠足，頁二六九。
8 同注釋4。
9 林孝庭，《蔣經國的臺灣時代》，遠足，頁二七三。
10 周美華、蕭李居編，《蔣經國書信集：與宋美齡往來函電》下冊，國史館，頁十一至十三。

宋美齡措辭嚴厲，情緒高漲，前所未見，蔣經國只得委婉解釋，黨內眾多同志皆認為邦交已斷，一時無可改變，政府「不得不下定決心，以維護不絕如縷之實質問題」，並強調為顧及雙方現存關係，他「不惜忍辱負重，爭取時間，以期敵消我長」，甚至說：「必要時兒實不惜一死以謝父親在天之靈，以謝母親耳提面命，亦以謝我國人付託之重。」[11]

為了緩和與繼母的關係，他三月初派蔣孝勇飛美向宋美齡祝壽，未料宋將對他的不滿都發洩在孫兒身上，蔣經國得知憤恨不已，認為都是孔令侃和孔令偉在旁挑撥離間，在日記感嘆繼母對他不只對臺美關係處理態度不滿，甚至對他本人都懷有極深的成見，這一樁家務事「起因於我自俄返國之時，發展到今日似已無可挽回之可能了」[12]，臺北斷交後的艱苦談判，竟意外燃起蔣經國與孔、宋家族的陳仇舊恨，恐怕也是始料未及。[13]

一九七九年四月十日，卡特《臺灣關係法》簽署生效，並成為美國國內法，此後，官方文書中的「中華民國」消失了，「臺灣治理當局」取而代之，那一、兩年社會氣氛無疑是低迷的，政商高層家裡有能力一點的，都跑到美國去了，社會掀起一波美國移民潮。面對人心惶惶，蔣經國在一九八〇年國慶喊出「自強年」的口號：「古人曾說自強不息，又說不息則久，顯示自強與不息結合在一起，才能發生久遠的功能。所以我們把今年定為自強年，做為我們一個力行不息、長期奮鬥的發軔！不僅要日新又新，而且要愈奮愈強！」那一年，臺北至臺南的鐵路電氣化已完成，行駛的列車以「自強號」名之。民間發起「一人一元，捐機報國」的捐款活動，財政部在央行設立「自強救國基金」專戶，短短一個月便收到二十餘億臺幣，該專款購買的F－5E戰機，組織的空軍中隊即是「自強中隊」。不確定的年代，人民只能寄予虛擬的口號，莊敬自強，處變不驚。其時，鄭豐喜著作大熱，孤島一如汪洋中的一條船，在驚濤駭浪中浮浮沉沉，航向未知的明天。

11 林孝庭，《蔣經國的臺灣時代》，遠足，頁二七三。

12 蔣經國，《蔣經國日記》，一九七九年三月十八日、十九日、二十日、二十一日、二十二日。

13 林孝庭，《蔣經國的臺灣時代》，遠足，頁二七四。

人物故事

莫咸民／61歲
客務部員工

黃金右手

我叫莫咸民，民國六十七年十一月十一日來圓山的。之所以可以進圓山，完全是託蔣夫人的福。我國中畢業，到餐廳廚房當學徒，但跟同事鬧得不愉快，那時候我學長在圓山當門衛，找我來。其實圓山學歷要求高中畢業，而且不能有近視，身家調查到祖宗三代，明知道沒什麼希望，但我還是來面試。面試官問我什麼名字、什麼學校畢業？我說「華興中學」，他愣了一下，說：「華興的喔，那就不用問了，蔣夫人有交代，華興出來的，無條件錄用。」

我在「華興育幼院」長大，國小二、三年級，我還被蔣夫人抱過。好像是某一年過年的時候吧，情報局的人派專車來接我們去官邸，說蔣夫人要請我們吃飯。那時候蔣夫人還在房間，先讓我們吃點心，二三十樣，那時候傻傻的，每一樣都吃，吃完，蔣夫人說要吃正餐了，我們就吃不下了。「華興育幼院」基本上收軍人子弟遺族，但我不是。那時候，我爺爺、奶奶還在，大概是我爸爸往生，媽媽改嫁之後，爺爺認識育幼院的老師，他們就收留了我，我從民國五十四年住到六十七年國中畢業。讀「華興育幼院」，寒暑假很多小朋友會被親戚接回去，但爺爺家在高雄，我還是待在學校。有一次，老師大概看我們幾個小蘿蔔頭在育幼院很可憐，帶我們去南京西路「力霸百貨」看電影，看《星際大戰》第一集，我們搭公車回去，回程經過中山北路，看遠遠的山頭，一間宮殿一樣的房子好氣派、好漂亮，老師說那是圓山飯店，沒想到後來居然也進來這裡工作。

我一開始進來是在房務部當Page Boy，就是傳達生，早期沒有電腦，客房、餐廳帳單，都是人工手寫。那時候飯店天天客滿，餐廳很忙，就要透過傳達生送簽單。除了送簽單，有時候還要送外客給房客的花籃、水果和電報，或者幫忙換美金什麼的。送件講效率，但又不能在飯店奔跑，只能快步走。有時候貪快，會偷偷搭電梯，但圓山明文規定，服務生不能搭客用電梯，第一次抓到申誡，第二次抓到開除，沒有第二句話。我每天在飯店裡面穿梭來去，搞到後來整個圓山的建築結構我們都很了解，你要問圓山哪邊有漏洞可以鑽，問我就知道了。

我們Page Boy是兩班制度，通常一班都有八、九個人上班。早班是上午七點到下午三點，到了下班時間，看大家還在忙，就會義務幫忙，忙到四、五點，那時候同事的感情好到不行，你到餐飲部送件，他們看到你就問：「兄弟，你有什麼需要幫忙？」我們儀態沒有被訓練，但很奇怪，在這裡，沒有人要求，走路自然會抬頭挺胸，會有一種榮譽感。

我們部門起薪低，因為上面認為我們小費很多。我們小費確實不少，有時候四、五千塊跑不掉喔。那時候越戰尾聲，很多大兵從松山機場下飛機，直接來圓山，就背著傘包，戴著飛行帽，有時候還有槍欸，但子彈都被扣押在海關就是了。那時候他們看你年紀小，就喜歡逗你，幫他們把行李拿到房間，叫你戴他們的飛行帽，穿他們的靴子，在房間走一圈給他們看，然後就給你美鈔，二十塊或五十塊，那時候美金一比四十，錢很大。

那時候喔，我的小費多到薪水就直接押在收納室，擺半年都懶得去拿。那時候我們領薪都得到收納室，薪水一包、一包的，報員工編號拿錢。圓山薪水不會押後，只會提前。譬如二十九號是禮拜六，圓山就提前到二十八號發放。當年還有個不成文的規定，就是領錢要檢查服裝儀容，看頭髮有沒有符合標準，是不是太長了。我們這種小鬼讀書都是三分頭，出社會幹嘛還要給你檢查服裝儀容？我們十幾個小鬼很皮，索性就不去領薪水，搞到後來，主任看到我們都會唸：「欸，你們幾個小蘿蔔頭，搞清楚，收納室不是你們的銀行欸。」我說：「要檢查頭髮，我們才不領咧。」但領小費的榮景到了圓山火災之後，改朝換代就沒了。

如果你會省錢，在圓山確實可以存很多錢。我一個月抽菸花一千塊，不要算我回家的費用，一個月花不到兩百。我後來從Page Boy轉Door Man，當了半年就去當兵，圓山有個條文，當兵可留職停薪，退伍後半年回來，前面資歷都可以銜接，我們很多同事當兵後去外面歷練，兜了一圈，覺得外面的世界不過如此，還是乖乖回到圓山來，但等於前面那些資歷就斷掉了。那時候圓山一年到頭都是旺季，加上有空廚，年終獎金領十六個月，每一季的紅利另外算。大概是太賺錢了，太有自信，那時候華航要建立空廚，要跟圓山合併，但總經理不要，沒有想到航空業大旺，華航、長榮起來，圓山就錯過整個時代了。其實，你現在看到的圓山不是早期的圓山。以前的圓山是很有氣勢的，我記得我當兵回來，看到Door Man在門口立正，有點像古代宮廷的感覺，會讓人畏懼。以前大廳沒有擺設，空空曠曠，只擺幾張檜木的圓桌和椅子，看起來很氣派。地毯是黃色的，素色和花毯交織，造價就要一千多萬，站在上面好像會地震。黃地毯、紅柱子配色很好看，大廳紅柱子以往只有兩個地方有，一個是皇宮，一個是廟，廟是神住的，皇宮是皇帝住的。壁畫都是師傅搭梯子上去畫的。早年不以營利為目的，不惜工本。

那時候飯店門口旗海飄揚，邦交國三十多個，沙烏地阿拉伯、南非，韓國沒斷交，大使、使節辦活動都在圓山，後來我們接待社會團體，他們覺得活動辦在圓山有排場。記得有一次蔣經國時代的國慶酒會，從民族東路封路到劍潭士林，作為圓山國宴停車場，不是五院院長的車子就停不到圓山。有些外交部的官員平日很跩，說他是部長，但不好意思，那個車位國安局都有分配，對不起你只能停在中山足球場。

我常常講啊，我是全臺灣第一隻黃金右手，為什麼？因為我這隻右手，最少摸過二十個總統的頭。怎麼說咧？以前按照國際禮儀，一號禮車是總統車，前面有機車連，警車有二十四部。一號禮車照例都是我開門的，以前圓山兩片大門不是隨時隨地都開著，往往是總統禮車到，車門一開，我們大門也同時打開，總統一下車，我右手也伸出去護著他的腦袋，所以大家都說那是黃金右手。但九一一恐怖攻擊，反恐變成趨勢，國安系統就叫我們不要靠近元首的座車。好漢一直提當年勇，年輕的同事也不愛聽了。他們看我們是爸爸級的，不會跟我們溝通。現在當門衛，看到有年輕的夫妻進來，我們上前拉行李，他們會說阿伯我自己來，這個很傷我們的自尊。會覺得難道我們年紀大就錯了嗎？我今天工作穩定，我一定幹到我不能幹為止。薪資待遇比外面少，但相對穩定。抽菸、手機通訊帳單，我一個月開銷兩千塊，房子買在雲林，假日才回家，在這邊就住宿舍，這裡有宿舍八間，總共可以住三十五個人。想想我這一輩子都耗在圓山了，一切都要感謝蔣夫人。我太太在雲林，全村莊都是民進黨，我說，妳要怎麼批評國民黨都可以，但妳不要罵蔣夫人，妳罵蔣夫人，我跟妳翻臉。

走進「萬年廳」

人物故事

楊月琴／67歲
餐飲部門顧問

我在圓山看過蔣夫人很多次。她帶「婦聯會」二十幾個人到「圓苑」來吃點心，我們都偷偷叫旗袍族。那時候還沒開幕，就是試營運。印象很深刻的一次，是當「萬年廳」副領班時，有一次光復節晚上九點半左右，孔二小姐陪著蔣夫人、王督導來逛地下商店街，後面有一個護士推著輪椅，怕她腳痠可以坐。一般晚上九點半，靜悄悄的，沒有客人。有情資知道她要來，就站在門口等。我看到蔣夫人當時穿著深色旗袍、長披風、高跟鞋，三吋的，雖然八十幾歲了，但仍然很漂亮，很高尚，皮膚很好，還戴假睫毛。

四十年前的老太太都是黑衣黑褲。另外一次看到她是穿一套全粉紅色的褲裝，很粉嫩，也很漂亮。每次孔二一定會陪在蔣夫人旁邊。蔣夫人常來地下商店街的理髮廳洗頭髮，當時王萬是「松鶴廳」的小領班，是個帥氣小白臉，穿白外套、戴白手套，用長托盤送點心去給蔣夫人，她洗頭都要吃點心，每次看到王萬做這個動作，我就知道蔣夫人來了。蔣經國來剪髮時也會送點心，理髮廳門口會站個隨扈，緊握提包，手不離開那個包包，那時候他已經是總統了。

孔二小姐我也服務過。她來的時候，前輩會說：「總經理來了，快閃快閃。」我那時候傻傻的，心想：「總經理來了，不是應該服務嗎？閃什麼閃？」前輩說叫你閃就閃啦。後來慢慢就知道了，那個樣子怎麼那麼奇怪，她抽菸斗、打領帶，個子這麼矮小，又瘦又矮，但眼睛很有神，看到會不寒而慄。

她那個眼神很銳利，勾著你打量。那時候很年輕，膽子沒現在這樣大，被那樣打量，會怕。那時候她住圓山，等總統往生之後，過了一陣子，夫人去美國，她陪著去。後來她又回來了，幾乎都在「萬年廳」開飯，她吃飯都是兩點以後，我們那時候有一個傳領班，是寧波人，也待過美國，他們兩人用寧波話對談，菜除了傳領班以外不能給別人拿，我那時候都要去做「馬爺」[1]，就是傳菜生。我要盯著師傅煮麵。

我後來還是有服務到她，傅領班也要休息嘛，但後來也知道服務要領。都要用很燙的毛巾，很燙很燙的毛巾，遞毛巾不要離開，最後把托盤遞過去。第二，水果她要自己切，怕別人下毒。最愛醃漬食物，尤其是「五印醋」醃的白色花椰菜，也喜歡吃紹興酒嗆生蝦，但很少大魚大肉，吃用高湯煨煮的麵居多。

她第二次從美國回來，王督導就沒回來了。王督導其實沒有實際在圓山做什麼工作，只是掛個頭銜。她先生是將軍，我們叫她蕭太太。女兒不漂亮，但很客氣。王督導跟孔二小姐的關係大家都知道，但也不會說什麼。晚年她生病了，好像是帕金森氏症。她很漂亮，氣質好，瘦瘦高高的。

以前冬天過年前，「萬年廳」廚房羅師傅會醃漬白色鰻魚，醃製好拿去外面掛著吹風，過年時再用這鰻魚乾拿去滷三層肉，這些都是孔二和員工自己吃的。也有送禮，不賣客人，三十年前的老味道，以前不愛吃，現在想起來很懷念。另一個就是羅漢素火腿，用工夫一層層綑好後，也是會推出去吹風，晚上再推回來，主要是蔣夫人拿來年節送禮使用，放在我們餐廳出冷盤時也會用到，現在都失傳囉，想到還是很懷念。

1 粵菜廚房用語，指送菜的服務生。

第九章

美麗島

風起雲湧中的紅房子

一九七五年，紅房子以「敦睦邦交、促進國際人士交流」之名成立「臺北圓山聯誼會」。

那一年，民國六十四年。孤島大事件是蔣介石在四月五日深夜裡過世，行政院新聞局隔日發喪：「總統 蔣公春間肺炎復發，經加診治，原已有進展，於今日上午尚一再垂詢蔣院長今日工作情形，不幸於今日下午十時二十分發生突發性心臟病，經急救至午夜十一時五十分無效，遂告崩殂。醫師王師揆、熊丸、陳耀翰。民國六十四年四月五日。」

蔣介石過世那一夜，臺北大雨滂沱，官方媒體穿鑿附會成「民族的救星」崩殂、「自由的燈塔」倒塌，天人同聲一哭。一九四九年到一九七五年，蔣介石是臺灣最高的權力中心和精神性象徵，一代強人以「反共堡壘」和「復興基地」之名，行威權體制，排除異己、誅殺政敵，在高壓中塑造凝聚力，在指令中積極建設，極權統治將孤島維持在一個封閉而穩定的狀態，無形中厚積經濟實力，然而島民們對老強人卻產生了兩種極端情緒——支持者把他當偉大領袖，感恩戴德，由衷認為他把寶島建立成為三民主義模範省，人民安居樂業，公文書信上凡提到他的名字，皆要空一格，以示尊重。痛惡者視他為大獨裁者，聞之咬牙切齒，內心是憤恨、仇視和無奈。

一代強人過世後，遺體由榮總移靈國父紀念館，以供民眾瞻仰。蔣經國親自為父穿衣，按照鄉例，死者穿上七條褲子、七件內衣，身著長袍馬褂、佩彩玉勳章。宋美齡在棺木裡放著他平日最常閱讀的《三民主義》、《聖經》、《荒漠甘泉》、《唐詩》、《四書集注》。副總統嚴家淦繼任總統，發佈〈誌哀辦法〉，規定：「全國軍、公、教人員應綴配喪章一個月。全國各部隊、機關、學校、軍艦及駐外使館等應自即日起下半旗誌哀三十日。各要塞、部隊及軍艦均應自升旗時起至降旗時止，每隔半小時鳴放禮炮。全國各娛樂場所應停止娛樂一個月。四月六日起，報紙停止套紅及彩印一個月；廣播電視取消一切娛樂節目；各電視臺並改以黑白播出哀樂、新聞及蔣行誼影集。」

四月十六日，奉厝大典上午八時舉行。遺體舉行大殮，蔣家人環侍而哭，由蔣經國蓋棺。九時三十分，在二十一響喪砲聲中啟靈，中央大員及外國特使團團員等兩千餘人執紼終點，文武官員分別登車護送靈車，至慈湖行館安厝，民眾排列百萬人，沿途處處路祭。

宋美齡以未亡人的身分操辦完丈夫喪事後，該年九月即以治病為理由赴美。父死子繼，國家權力水波不興地轉移到他的兒子蔣經國身上，已然是新強人。一代強人晚年健康狀況不好，蔣經國一九七二年接任行政院長，即國家實質上的最高掌權者了。時序推進至七〇年代，新強人已不學老父喊「反共大陸」，新的口號是「今天不做，明天會後悔」，他於一九七三年推行十大建設，認清了國民黨政權要在臺灣安身立命的現實。一九七八年，他當選第六任總統，孤島進入名實相符的蔣經國時代，然而他的外交以中美斷交開始，內政則迎來美麗島事件，新強人跨出掌權的第一步就跌了個踉蹌。

蔣介石過世後，經濟日趨繁榮，兼以教育普及，民智漸開，島上反對運動從一小撮菁英份子向社會擴散。一九七八年年底，增額中央民代選舉在即，康寧祥、張春男、姚嘉文、呂秀蓮等參選人，在黃信介、林義雄和施明德等「臺灣黨外人士助選團」的後援下，舉辦各種座談會、發表共同政見，聲勢浩大，未料中美斷交隔日，蔣經國宣布即日起停止一切選舉活動，引起黨外人士反彈。

一九七九年初，高雄黨外大老余登發涉嫌叛亂被捕，時任桃園縣縣長的許信良發動橋頭遊行，是為戒嚴以來，孤島民間所發起的第一次集會遊行。同年八月，黨外人士創辦《美麗島雜誌》，由黃信介任發行人、施明德任總經理、社長許信良，十二月十日，成員在高雄演講和遊行，訴求自由與民主，遭警備總部鎮壓，並進行軍事審判，是為臺灣自「二二八事件」後規模最大的一場警民衝突事件。

執政黨之所以有恃無恐，乃中美斷交後，孤島上瀰漫著仇美的情緒。挾洋自保的黨外人士失去了靠山，自覺被美國人出賣的執政黨和民間同仇敵愾，助長保守勢力的氣焰。美麗島事件發生後，隨之是林宅血案、陳文成事件、江南命案，命案之後還有命案，逮捕之後還有更大的逮捕。

然而伴隨著社會氣氛的壓抑低迷，是經濟一飛沖天。蔣經國繼任總統兩年間，十大建設裡的中山高、桃機、鐵路電氣化、北迴線相繼完工，無異打通孤島任督二脈，帶動經濟發展。經濟上的欣欣向榮，完全反映在紅房子業績的蒸蒸日上。桃園空廚從松山移師桃園機場，從八〇年代初期一天五千客餐點直接往上跳，七千、一萬，到九〇年代曾創下一天供餐四萬份的紀錄，年營收平均十七億，堪稱是紅房子金雞母，全盛期時，員工可領四、五個月的年終獎金。

張玉珠七五年入「臺北圓山聯誼會」，當年聯誼會以「敦睦邦交、促進國際人士交流」名目成立，到了八〇年代，外國賓客換成了臺灣政商名流，張玉珠負責張羅業務，盛況空前，「申請入會者要提供年收入、公司規模、組織營業執照，文件備齊了，我還要去警察局申請良民證。理事們就會在理事會開會審核，資料一本一本的，名額粥少僧多，有時候六十幾個選兩三個，跟考狀元一樣。但那時候沒有什麼高爾夫球證、超跑、名錶，擁有圓山俱樂部的會員，非富即貴，就是身分的表徵。」

島上最有權勢的人都在這個聯誼會了，張玉珠說今天在電視、報紙上看到的高官政要，隔天就出現在聯誼會。誰在聯誼會裡？「蔣緯國、蔣經國的子女、連戰家族、俞國華夫妻，謝東閔父子；有名的企業家辜家，還有嚴凱泰還是小孩子時，被父親抱著在櫃檯簽名。」嚴凱泰曾在訪問中回憶，稱少年時光中，好事、壞事都跟圓山有關係，在聯誼會看了《羅馬假期》，看男主角騎著偉士牌載著奧黛莉．赫本，覺得擁有一台偉士牌很拉風，十五歲帶同學在「圓山聯誼會」偷喝酒，未成年的男孩請相熟的服務生送酒，帳單上用可樂核銷。談戀愛，和情人接吻、吵架都在游泳池畔，一九九一年二月，他和陳莉蓮結婚，也是同一座紅房子。

紅房子太平盛世，山下的世界風起雲湧。美麗島大審。施明德遭軍法判無期徒刑，姚嘉文、張俊宏、呂秀蓮、陳菊等各判十二年有期徒刑。受難者家屬打出「為夫出征」等口號參加選舉，姚嘉文之妻周清玉、張俊宏之妻許榮淑、黃信介之弟黃天福，皆高票當選立法委員或國大代表。而為美麗島大審奔走或辯護的律師也紛紛參與政治及選舉，蘇貞昌當選省議員、謝長廷及陳水扁當選臺北市議員。此外，游錫堃及林正杰的崛起也為黨外注入新血。

民間反彈的力量來得既快且猛。報禁尚未解除，黨外雜誌如雨後春筍紛紛冒出頭。《夏潮》、《自由時代》、《八十年代》，李登輝在《見證臺灣》坦承當副總統的時候，也看黨外雜誌：「這些雜誌很有趣，沒什麼不好。我以前有一套《自由中國》，雷震被抓以後那陣子的政治氣氛很嚴，我才把這套雜誌燒掉。那時候刊行很多政治政論雜誌，我也在看康寧祥的《八十年代》，我可以讓我的祕書去買，就說我要檢查就好了。」[1]

一九八四年，陳水扁擔任《蓬萊島雜誌》社長，該雜誌社創立宗旨以繼承《美麗島》為職志，無論是背景、成員和奮鬥目標，都以美麗島為標竿。當年國民黨馮滬祥論文抄襲他人著作，《蓬萊島雜誌》用「以翻譯代替著作」報導此事。一九八六年，陳水扁等三人被法院判刑一年，黨外人士聲援陳水扁，「我們那時無視內政部的警告成立黨外公政會臺北分會的目的，就是在聲援陳水扁等人，那個時候，大家也更加堅定組黨的決心，」民進黨創黨元老魏耀乾接受記者陳婉真專訪說：「在那之前，被稱為黨外三劍客的陳水扁、謝長廷、林正

1 胡慧玲，《百年追求》卷三，衛城，二〇一三，頁二三三。

杰等人，曾邀集公政會臺北分會熱心人士約一百多人，事先都說好，要有不怕被關的心理準備，也都說好這是為組黨作準備，當天主要是討論公政會的章程草案，結果因為成立社團發起人至少要有三十人，會後統計發現，簽名人數只有二十八人，最後由我和另一位同志簽名後才順利送件，可以想見當時氣氛的恐怖，那是組黨的第一步。我們那時對外的說法是要成立『一九八六年黨外選舉後援會』，私下大家說好，實際上是要組黨，大家也都有默契，也互相約定對外嚴格保密，結果又碰到場地租借困難的老問題，他們幾位公職人員試著找了中泰賓館、國賓飯店，甚至找了中山國小禮堂，都被拒絕，我說，那就由我來試試看，接下來你們都不要多問，由我來負責訂場地。」魏耀乾擔任過臺北市牙醫師公會理事，牙醫師公會常在圓山飯店開會，於是親洽圓山櫃檯，胡亂說他是「臺北市牙醫師聯誼會」幹部，九月二十八日要預訂圓山飯店「敦睦廳」開會。負責接待是一個年約四十多歲的中年人，自稱是宜蘭人，客氣地對他說：「魏先生，我看你表情怪怪的喔，不像是牙醫師要開會欸。」那人突然壓低聲音說道：「我在黨外雜誌看過你，我不知道你們要做什麼，但我會幫助你。」

神祕的中年人是誰？魏耀乾至今仍不知道。多方徵詢飯店老員工，無人知曉，歷史就在陌生人的善意之下，輕巧地轉了個彎。

民主進步黨於一九八六年九月二十八日於圓山飯店成立。

當天的狀況是這樣，由於陳水扁服刑中，他的公政會臺北分會理事長一職由魏耀乾代理，因此，組黨當天，魏耀乾成為三位主席團主席之一，其中省議員游錫堃負責主持，蘇貞昌負責會議程序，魏耀乾負責掌控現場安全及秩序的維護，會議進行一半，原本正在推舉年底立委和國大參選人，朱高正臨時動議，上台提案要求黨外勢力立即組黨：「我堅決反對，民主運動發展到這個階段，大家還坐在那兒討論『組黨籌備委員會』。當年雷震還在籌組政黨階段，就已經『雞仔鳥仔抓到沒剩半隻』。組黨靠決心與勇氣，我正式建議：今天，現在就宣布組黨！」

宣布組黨的那一刻，全體與會者都跳到椅子上雀躍歡呼，然而下一秒，一個人衝上台抓起麥克風飆罵：「你們在衝啥毀？哪有人把組黨當作辦家家酒的？囝仔人黑白來！」語畢，即怒摔麥克風，掉頭離開，那人是康寧祥。

「因為老康的怒罵，導致後來創黨主席是由江鵬堅和費希平兩人協調，最後江鵬堅出線，否則論輩分，首任黨主席一職非康寧祥莫屬。」康寧祥的暴走沒有讓現場亢奮的情緒緩和下來，眾人你一言我一語討論該取什麼黨名，「本來海外異議份子和高俊明牧師那一派，說要命名『臺灣民主黨』，但謝長廷說『臺灣』兩個字不能用，也不要放『中國』，才折衷為民主進步黨。」

「民進黨成立當天，我在現場，但不知道他們要幹嘛。因為我們常常進總統府辦外燴，跟聯指部的人都很熟，前一天他們有把訊息Pass給我，說楊小姐如果明天看到什麼、聽到什麼，都不要緊張。」楊月琴當時是「宴會中心」的副領班，回憶當天的情況：「當天民進黨開會的現場布置成茶會的形式，擺長條型桌子鋪綠色檯布。飯店外面都是警備總部的人，氣氛看起來很緊張，我通知底下的人說好像有事情會發生，如果怎麼樣，你們不要衝上去喔，給安全人員去處理就好了，我們要自己顧自己。」

山雨欲來風滿樓，未開會之前，每個人內心忐忑，風聲耳語很多，有說國民黨會派鎮暴部隊把飯店包圍起來，眾人都做好被捕的打算了，有點視死如歸的豪情壯志，魏耀乾說：「這都是謠言抓耙仔傳話，詳細我不知道，可能是嚇唬我們，但國民黨應該很早就知道情資了，二十八號開會，二十七號晚上七、八點，一個姓黃的，黃冠任，是臺北扶輪社的，跑來找我，他說他一個親戚在當聯勤副總司令，李登輝透過他傳話，說二十八號組黨一定過。」

一九六四年，臺獨領袖廖文毅返台，被安排在紅房子受訪，「他站在圓山大飯店『翠鳳廳』大門口，凝目遠眺臺北平原上那一片蓬勃繁榮，昌華滋茂的景象。廖文毅博士的面孔上，頓時泛現出一種難以形容，不可捉摸的神情。他昂然地揚揚頭，脫口說道：『一切都大大地變了，變得不認識了，只知道已身在祖國。』」[2]被國家機器安排在紅房子演出一場招安大戲，乃因為這裡是強人的地盤。後來當時這些報紙指控的「民進黨暴徒」造反，也還在紅房子，「民進黨在圓山組黨的意義是因為圓山是一個極權象徵，能在太歲頭上動土代表我有能力對抗，對蔣家而言，圓山是餐廳、後花園，對挑戰者而言，圓山是最具象的地方。」圓山現任董事長林育生如此表示。

九天後，蔣經國接受《華盛頓郵報》訪問，說：「不久將取消戒嚴令，將制定國家安全法取代戒嚴法。」蔣經國口中的不久是隔年七月十五日，總統蔣經國宣布臺灣地區於七月十五日零時起正式解除戒嚴，隨之而來是報禁、黨禁的取消，再隔年，蔣經國過世，李登輝繼任總統，一九九〇年，他召開國是會議，推動憲改，一九九二年制定公布廢止動員戡亂臨時條款、兩岸關係條例，一樣還是在紅房子，變化中還有更大的變化，很快就風起雲湧了，見證歷史的紅房子，後來也是歷史的一部分，屹立在劍潭山頭。

2 《聯合報》，一九六四年三月七日，版四。

人物故事

張玉珠／66歲
圓山聯誼會顧問

會員的祕密

我是臺南新營人，嘉義女中畢業，大學考上東吳大學夜間部，在士林租房子。我的房東是某醫院院長，有個遠方親戚跟夫人總務機要張勤三相熟，這個房東親戚見我很活潑外向，便引薦我來圓山。一個鄉下姑娘上臺北，根本也沒聽過圓山飯店，也不知道怎麼拒絕，就硬著頭皮來面試，他們就考了我一些會計題目，也不會太難，就順利應徵上了。張勤三，那時候還是張主任，面試的時候跟我說：「妳是我介紹來的，不要做兩個月就不幹了。」沒想到一份工作一做就是四十三年。

我進圓山是一九七五年九月，當時聯誼會建築、游泳池都已蓋好，內部還在整修裝潢，暫借圓山飯店十樓營運，隔年二月才遷入現今半山腰的中國式建築。當年周宏濤、徐柏園等一班俱樂部理事在十樓臨時俱樂部舉手宣誓效忠蔣夫人，那個場面令我印象非常深刻。我在俱樂部做了十二年的出納人員，後來轉調會務人員，從組長、副主任、主任、副理，經理，副協理到退休，那時候沒有電腦，都是手工開發票，計算機不用看都可以打，練就一手好功夫，出納、會計、接待，有人負責check in，有人負責check out、帶位，大家忙的時間都不一樣，互相支援。

以前會員都是董事長級的，來的會員總經理等級還不多。他們在這邊不會跟你閒話家常，要請你幫他們叫計程車或者請教練過來，講話客客氣氣的。蔣友梅、蔣孝武、徐乃錦來這裡吃飯，他們真的有一種貴氣，大概是家世薰陶。我比較感慨是黃任中先生，揮金如土。在這邊待一陣子後，比較敢跟人家講話了，知道應對進退，比較會看人眼色，知道誰開得起玩笑，誰開不起玩笑。那時候我們有一個餐飲界的顧問叫做亦舒，倪匡的妹妹，她認識很多港臺名流，林青霞和她妹妹，秦漢、鄧麗君、阿B，都是她引薦進來的。

現在的會員結構跟以前又不大一樣，更多律師、醫生和教授，專業人士，已經沒有往日權貴的包袱，比較親民，他們會跟我們閒話家常，交流比較多，有些時候他們發現你髮型剪不錯，會問哪裡剪的。有一次，有個會員帶兒子來這裡相親，要我幫忙看看，我那時候是主任，在門口迎接他們，他小孩我也認識，他看到我就跟我眨一眨眼，讓我知道他媽大嘴巴。資深幹部跟會員互動久了，都有一種親戚的感覺了。但關係看似親切，但還是有一個空間，你不可以僭越，不能沒大沒小。

在聯誼會工作最重要的就是要認識會員，現在檔案都在電腦裡了，以前會員卡資料是紙本，主卡、配偶卡，貼照片，背面是小孩子的照片。兩千多個會員，我都是拿著會員名冊一個一個背。我都要我的員工在三個月之內背熟，時不時會抽考：「飛利浦公司的老闆或彰化某某銀行人的會員號碼是幾號？」我有一次檢查自己背了多少，一個個抽屜打開主卡副卡，我認識了百分之八十七的會員，這大概是民國八十幾年的事情。公元兩千年大概是聯誼會最風光的時候，約莫兩千多名會員，但後來中國崛起，企業轉進大陸，〇八年金融海嘯，那是世界經濟大恐慌，大公司財務凍結，企業團體會員本來五個名額凍結到兩個，人數就一直往下掉。

我們有一個會員是貿易公司的老闆，他是政治聯姻，太太可能是先生的金援者，很強勢，太太先生感情不好，先生跟祕書生了孩子。有一次太太打電話到櫃檯來，剛好是我接的，口氣大剌剌的，我一聽就知道是他老婆。

她口氣很衝，就說：「妳去幫我去叫那個狐狸精過來。」我心想狐狸精？他們一群人，只有一個女的，尋思要怎麼應對，說：「我沒有看到欸，他們都是男生，可能在談事情。我說太太，您要不要留個電話，我找您先生，或者請他回電給您。」這個先生和他的朋友在餐廳用餐，他從餐廳出來，我就拉他到角落去，說某某先生，您夫人打電話來，情緒激昂，口氣不好聽。他一聽就知道是怎麼一回事了。沒多久，他就用自己的手機打電話回去。過了兩天，那個祕書小三來了，把我從櫃檯叫出來，給我一個名牌粉餅，說謝謝我幫他們解圍，她說如果當天不明就裡讓那個先生來接電話，會影響到他們談生意，可能夫妻情緒更一發不可收拾。

這大概都是二十幾年的事情了，這讓我很深刻地覺得說話之道很重要。我都跟新進的同事說，這些客人們都可以給我們很好的身教，這是一個教育的大場所，這些會員出生有個良好的平台，讓他們更上一層樓，我覺得不斷學習跟以誠待人都是很重要的。

有時候和會員的互動會讓我很感動，有一個太太也是先生有外遇，先生開綜合醫院，娘家財產分割被兄弟侵佔，一時想不開自殺獲救，隔天來我們這裡三溫暖，間歇性休克昏倒送醫，過一陣子又來。那一天，她歇斯底里說清潔員偷了她的鑽戒，揚言要報警，結果追查，根本是她的鑽戒落在B

MW車上了。那天從下午一點我就一直聽她訴苦，午餐、下午茶、到晚餐，輪番一直請她吃飯，聽了她講了十個小時的話，後來，她要我忘了這一天跟我講的事，之後，她就沒再來過了。

我還處理過一件事情，就是臺灣一個很有名的企業家，這個企業家的弟弟，應該是太太還在的時候就有女朋友了，也在外面生了女兒。企業家的弟弟在民國六十幾年申請入會，他就把女朋友報配偶卡的名字。那時候沒有個資法，配偶卡的名字填誰，我們也不會去查。後來這個人去世，這個人的大兒子跟情婦是楚漢分隔，按規定，會員的保證金我們要退還，小老婆就寫信來說配偶卡登記她的名字，她要退費，大兒子得知這件事，不願意讓小老婆得逞，叫律師寫信過來，問我們為什麼會把錢退給小老婆。我就請律師回函，意思是當時六十四年，是他父親的意願，而且多年來也沒人舉證，所以就退費給她。這個大兒子透過律師回應，這是他們家的財產之一，這件事就僵在那邊。我想要怎麼說服大兒子，想來想去只有動之以情，就打電話給律師，說我是這件事的承辦人，可不可換個立場去想，說他父親過世之前都是這個小阿姨照顧他，這是他父親心目中的另外一個老婆，他的弟弟妹妹也是這個阿姨生的。今天，我都沒跟他小阿姨講這件事，因為這本來都是登記她的名字，她知道大兒子為了這七萬塊跟她翻臉，應該會很傷心。因為他們的關係只在這個聯誼會是合法，難道連假地位也不給她嗎？結果那個律師說他很感動，律師跟這個大兒子講了之後，大兒子說那就給小阿姨吧，他沒有意見了。

聯誼會的那些人與事

人物故事

徐強納／75歲
前圓山聯誼會
前櫃接待員

我是徐強納，名字是先父取的。我民國三十六年次，在上海出生，是家中老大。當年，先父在上海法租界跟一個師傅學法國菜，在一間西餐廳工作，生意起先還不錯，但後來碰到國共內戰，餐廳師傅於是接洽了一條船，貨客兩用的，跑韓國臺灣香港，船期一個月，他就在船上煮飯。船在外海航行，有一天，接到一個命令，說上海淪陷了，回不去了，船就直接開到臺灣，靠岸基隆碼頭，家父就留在臺灣，他有一技之長傍身，隨後就在一個叫「NACC」的美軍俱樂部找到了工作。

我媽和我在上海，輾轉知道我爸在臺灣，都哭了。共產黨不讓人往外跑，我媽不得已就找我外婆當保人，以探親的名義申請到香港去，再搭船到臺灣，總算一家團聚。當時環境是百廢待舉，毫無建設可言，靠先父雙手建立一個小康家庭。「ＮＡＣＣ」當年在圓山山腳下，小時候我們家就住圓山動物園後面，我念「大龍峒國小」，每天徒步上學，穿越動物園。小孩子皮，滿山亂跑，但跑到五百完人塚就不敢走了，那邊陰森森的，都是森林。我完成國民教育，接受軍事訓練，役畢只能接受機械修復的工作，當時民國五十八年，有一段時間經濟蕭條，工廠裁員，無計可施之下去學外語、駕駛以備不時之需。

七〇年代初期，美軍俱樂部裁掉，先父失業了。當時，他有個同事叫賈成驥，就賈永婕的爺爺。當年，圓山接待外賓做西餐，夫人不用臺灣的雞鴨魚肉，圓山跟美軍俱樂部訂貨，賈成驥等於是圓山對美軍俱樂部的窗口。圓山蓋大樓，要成立聯誼會，就把賈成驥和我父親找來，賈成驥管人事，父親是行政主廚。父親事多，他的倉庫沒人照顧，看我失業，叫我過來幫忙，我記得我報到那天是民國六十五年二月十八日，那一年我二十九歲。

倉庫的工作是這樣，一早先去領貨，雞鴨魚肉什麼的，每天都要磅秤做紀錄，事多繁瑣，要碰上聯誼會派對，需要準備一兩百個人的食物，更複雜了。這邊忙完，要去網球場當班，身兼多職。後來主管說聯誼會人力太充裕，又開始動腦筋，我又兼著管理財產，聯誼會的鍋碗瓢盆桌子椅子都歸我管，看到清單快昏倒。

這當中有一個小插曲，聯誼會有游泳池，當時游泳池的躺椅都是木製的，要換新。我管理財產，賈祕書認為我可以做，說：「小徐，看到游泳池躺椅沒有？」我說有。他說：「你去給我畫一張躺椅的剖面圖。」我說：「我沒學過這個東西啊。」他說：「沒人天生就會的，不會就要學啊。」不得已，我只好硬著頭皮，蹲在游泳池畔，盯著一張躺椅素描。畫好交上去，賈祕書看了一眼，就把圖揉成一團丟到垃圾桶，他說：「我是要你畫出長寬高和厚度，幾公分、幾顆螺絲釘都要標示出來，你畫這個是什麼？」我一把火都上來了，心想說這不是整我？但因為他跟我父親最要好，如果我說不，他怎麼在家父面前下得了台？只好咬著牙重畫。

他行事風格就是這樣，要你做事，很多事只跟你講一個概要，你就是做，做完不合意就責罵你。很多事你問了，他罵：「我請你，你不動腦筋想，就光拿薪水啊。」不問，事情做過頭，也罵：「誰要你做主了，你想當主管啊，什麼事都不跟我講。」跟他共事並不輕鬆，我想他在考驗我的耐力，要到後來換了主管，才稍稍好轉。但事後想想，也多虧了他，也養成了實事求是的個性，倉庫帳目清清楚楚。聯誼會網球場、游泳池、保齡球館內部聯絡的ＳＯＰ也是我設計出來的，影印出來壓在櫃子玻璃下面，一碰到狀況，有什麼問題，低頭看一下，就知道該找誰。該怎麼回答。給他人方便，也給自己方便。

出去的時候，別人問你在哪裡工作，我說在圓山，他們很稱讚，說：「了不起。」彷彿在深宮大內，但被問到薪水，就不敢講下去了。薪水是普通啦，但進來就吃一輩子，工作穩定。不過進來這裡要身家調查，還要保人。我們比較單純，只要一、兩個人擔保就可以，但會計、出納還要店保，店家資本額有規定。我們進來要寫履歷，要給警總核對從小到大有沒有汙點。先前網球場有個球僮來應徵，第一天交履歷，第二天上班，上班前安全室給他打電話，要他不要來了。他爸帶他來飯店追究，上面就講民國幾年幾月幾日，哪一天他是否經過農村門口，是否摘了人家芭樂？父子想了一想，真有其事，就真的不能來了。一個普通的服務人員調查成這個樣子，更別說是餐廳服務人員和廚房師傅，廚房的衛生也反映在廚子思想有沒有問題，大宴會出了問題，不是一般人承受得起的。

我民國六十五年二月十八日進圓山，九十六年三月底退休，退休到現在滿十四年。前半段人生黃金歲月都在圓山飯店，在這裡學到待人處事，都是外面沒有的，畢竟我們接待的貴賓不是政府官員，就是外國使節和團體企業主，他們都給我們很好的身教。

我接待過孫運璿，他給我的感覺是和藹可親。郝柏村早年在華航游泳，那邊整修，就來聯誼會游泳，他誇讚這圓山游泳池乾淨，不是臺北尋常游泳池可以比擬。還有連戰，他當時好像是省主席，謙謙君子一個，「請、謝謝、對不起」常掛嘴邊。李光耀也來過好幾次，當時馬英九當市長，李光耀跑步，他也陪著跑。李光耀跑完步就游泳，他下水游泳，主管們就在岸上看著，等他上岸後準備早餐熱飲，他對服務人員特別感謝。

印象最深刻的是東加王國的國王，兩百多公斤，他來的時候，我們看那身材，想笑都不敢笑，但到游泳池，他一下水，我們竊竊私語，水會不會溢出來。但他整個人也是一團和氣，臉上始終掛著微笑。孔二小姐我見過她幾次，她來這邊打撞球。她打完球就跟大師傅講她要吃什麼，指定吃什麼醬，她喜歡聯誼會的牛排，會打聽師傅的出身。味道真假，她一嚐就知道。吃剩下的打包回去，非常節省。

第十章

婚禮的祝福

楊德昌的電影《一一》冷眼旁觀臺北某一中產家庭的痛苦：身陷中年危機的先生、更年期的妻子、北一女大女兒維持著少女的煩惱、童年的兒子也迎來他的性啟蒙，風平浪靜的日常生活海面，全是潮汐與暗礁。電影以婚禮開場，在葬禮中結束，第一顆鏡頭即男主角吳念真的小舅子在紅房子結婚，喜氣洋洋的宴會廳，新郎前女友來鬧場，男主角為解決種種突發狀況，於飯店奔波，期間，又在電梯口巧遇難忘的初戀情人，頓時血潮澎湃。電影時代設定在千禧年前後，然而男主角穿梭在飯店紅色的廊柱之間，彷彿在廟堂，又彷彿在宮殿，有點不知今夕是何夕的恍惚之感。

從六〇年代城南牯嶺街到八〇年代城北迪化街，從九〇年代東區「TGI FRIDAYS」到公元兩千年的信義區華納威秀，楊德昌一輩子拍臺北，也善於拍臺北，紅房子作為這個城市最顯著的地標，自然也被他收拾到電影膠卷裡。

臺北的中產階級以在紅房子結婚為榮。風尚這件事往往是這樣，島上的商賈權貴拷貝歐美東洋上流社會穿著、飲食，中產階級有樣學樣。流行的上行下效並非當代特有現象，在老強人的年代就已經是這樣。

五〇年代，華人電影圈獨尊李麗華為天后，在那個公務員月薪兩百元新臺幣的貧窮年代，她在香港的電影片酬高達八萬。其時，香港華人仍活在中華民國的歲次裡，十月三十一日，老強人生日，香港影人組團來臺祝壽，李麗華是領頭的人。一九五七年，她和嚴俊婚後來臺渡蜜月，上千影迷湧至機場爭睹璧人，排場不遜於一九五〇年一月，宋美齡飛抵臺灣，與丈夫共赴國難在機場轟動的場面。

天后駕到，必得要挑一個彰顯身分的豪華飯店，除了紅房子，似乎也沒別的去處，「在圓山飯店『金龍廳』靜靜的一角，有一所寬暢舒適的套房，房外是朱欄畫廊，憑欄可望燈光輝煌的夜之臺北，以及迴旋山下湲溪東流的基隆河；屋裡一間是客廳，到處堆滿了芳香馥郁的玫瑰；一間是臥室，兩張『聲夢絲』大床，梳妝檯上燃點著兩隻手臂般粗細的龍鳳花燭；在『容廳』裡，一個『俊而不嚴』的青年，穿著襯衣沒有打領帶，赤著雙足拖著拖鞋，斜倚沙發上，兩眼深情的望著對面椅上一位『麗而且華』的美人兒，她穿著一襲玫瑰紅的睡衣，露著白白的胸脯，也是赤足，拖著一雙紅拖鞋，手裡正拿著一個蘋果在那兒輕盈的削去果皮。他們兩個正在這溫馨的洞房中，盡情的享受新婚之夜的好時光。」[1]

報禁的年代，日報每日版面不過三大張，記者在有限篇幅裡，可以把影劇新聞當言情小說來寫。一九六四年，連戰和方瑀在紅房子結婚，其新聞標題是「畫眉知深淺／低聲問冷暖／儷影雙雙意綿綿」，修辭已然是瓊瑤了：「嬌豔動人的方瑀，緊緊地依偎在身材碩長的連戰身旁，不停地展露她美麗的笑容，頻頻向觀禮的來賓搖手答禮。方瑀昨天穿了一件純白色綴有黑毛大扣子的長毛大衣。連戰比方瑀大八歲，早在抗戰時，他們就已相識，那時，瑀稱呼連戰為連哥哥；這時，連哥哥聲問他的方妹妹熱不熱，然後幫她脫下大衣。在白毛長大衣的裡面，方瑀穿了一件領口及下襬鑲了黑色嵌銀線滾邊的深紅旗袍，外面套了一件綴有紅色閃光小圓片的馬甲。淡施脂粉的方瑀，益發顯出她雍容華貴的美來。」[2]

新聞開頭寫道：「中國小姐方瑀，昨天晚上與她的青梅竹馬男友連戰，在一百餘位雙方親友的祝福聲中，文定終身。這位幸運的準新郎，是內政部長連震東的獨生子。現年二十八歲。他是美國芝加哥大學的博士學位研究生。」報導先提方瑀，再提連戰，自然是中國小姐當年的名氣比內政部長之子響亮的緣故。

一九六〇年，《大華晚報》舉辦第一屆中國小姐比賽，第一名獎品有五萬塊的三克拉鑽石一枚、雷達女用手錶、派克鋼筆、女用皮鞋兩雙、《春風得意圖》一幅畫。獎品豐厚，消息一出，全國嘩然。四月甄選，六月決賽，全島分區甄選，誰家閨女報名了，哪戶的千金誰參選，連月下來，比賽大小事盤據報紙要聞版面，「芳名報列選拔籙，粉黛又出八大家」，記者用盡一切香豔的文字雕琢每一則花邊新聞。影壇大姐大歸亞蕾當年也參賽了，百選之內脫穎而出，但止步於複審。六月初，大會在百人之中挑出三十八名佳麗，然後再選出十美。六月五日，選美皇后揭曉，為實踐家專女學生林靜宜，未料全場噓聲四起，甚至有激動的群眾衝上前來企圖毆打裁判，輿論認為林靜宜不夠美，雀屏中選必然是主辦單位內定。裁判一再解釋，表示林靜宜具有大家閨秀風範，秀外慧中，足以表彰中國傳統美德，才終於慢慢平息爭議。

第五名李秀英隔年捲土重來，如願奪下后座，出國參加世界小姐，榮獲第二名；隨後，冠軍英國小姐被爆已有婚約，遭取消頭銜，由李秀英遞補，中華民國小姐成了世界小姐冠軍，歸國被當民族英雄對待，所到之處鞭炮聲、歡呼聲，風光無限，名利雙收。一時間，當

1 《聯合報》，一九五七年十二月二日，版三。

2 《聯合報》，一九六四年二月七日，版三。

・宋美齡接見中國小姐林靜宜，國史館提供。

中國小姐成了小學女生的第一志願。方瑀在這樣的風潮參與第三屆中國小姐奪冠，出國參加長堤小姐選美拿下第六名。

中國小姐勞軍、面見宋美齡、參訪孤兒院，舉手投足都是媒體焦點。婚姻大事曝光，全城轟動更是不在話下，「連戰與方瑀的訂婚典禮，昨晚六時三十分在北市圓山大飯店『麒麟廳』舉行的。早在半個小時以前，這個寬敞的禮廳，就被觀禮的來賓們擠滿了。連、方文定的證明人，行政院長嚴家淦夫婦，昨天很早就到了禮堂。當準新人的雙親把他們介紹給嚴院長夫婦時，他們又受到誠摯而熱烈的祝福。六時三十分，連戰與方瑀並排立在燃有大紅燭的長案前面，面對他們而立的，是訂婚證明人嚴家淦院長，男女雙方介紹人裕隆公司董事長嚴慶齡及國民黨臺灣省黨部主任委員薛人仰，男女雙方家長連震東部長及臺大教授方聲恆。典禮開始時，先由男方家長連震東部長致簡短的謝詞，繼由訂婚證明人嚴家淦院長宣讀訂婚證書並致詞，嚴院長說連戰與方瑀，是一對不平常的青年，相信他們將來組成的家庭，也一定是了不起的幸福家庭。」[3]

曾在臺大教過連戰國際公法的彭明敏也上台向來賓介紹這對準人的經歷：「連戰於四十

3 《聯合報》，一九六四年二月七日，版三。

二年自師大附中考進臺大政治系，由於他的天賦很高又肯用功，教過他課的教授，都認為將來他會在學術領域上爭一地位。現在他即將拿到美國芝加哥大學的政治學博士學位，足以證明他的確可以從學術研究工作。在為人方面，他老成持重，生活樸素，沒有一點浮誇的習氣，深得老師與同學好評。至於準新娘方面，也是臺大的高材生，秀外慧中，又懂得用功，是位了不起的好學生，最後，彭教授希望他們攜手創造光明燦爛的遠景。」[4]

歷史何其諷刺，半年前，婚禮上的介紹人彭敏明獲十大傑出青年，半年後，因發表《臺灣自救宣言》入獄，遭人權組織奔走特赦後，流亡海外二十年。而新郎連戰政治之路一片坦途，官拜副總統，成了臺灣最富貴的政治人物。

連方兩人婚禮冠蓋雲集，中國小姐選美也予人嫁入豪門的聯想——方瑀嫁內政部長之子，第二屆與李秀英並列冠軍的汪麗玲嫁臺灣省主席周至柔之子，第一屆亞軍葉睦秋嫁洪萬傳之子洪文棟，然而，李秀英赴美讀書，為謀生計，在拉斯維加斯跳豔舞，葉睦秋與洪文棟離婚，失意開車撞死了人，中姐的社會形象丕變，辦了四屆之後也就不了了之。

中姐選美不辦了，但連方兩人圓山大婚的新聞，帶動了達官顯貴在紅房子操辦婚事的風氣，郝龍斌和郝海晏兄弟、臺大校長閣振興續弦、歐陽菲菲歸寧選在圓山，莫不辦得熱鬧滾滾，然而細數紅房子的名人婚禮，最盛大的婚禮是葉睦秋前夫洪文棟再婚。

一九八三年，洪文棟在紅房子續絃歌仔戲天王巨星楊麗花。當年報紙以「洪楊之亂」形容歌仔戲巨星婚禮的盛況：「昨日下午兩點鐘開始，往圓山飯店的通路上，已經車水馬龍，有些兒像汽車大展，長龍時停時走，在圓山飯店的坡道上蔚成奇觀，觀光客不明所以的猛捕捉鏡頭。載著花籃的摩托車，陸續在車隊中蛇行，點綴了無限喜氣，接近圓山飯店建築時，車海、花海，忙得警察與圓山工作人員應接不暇……圓山飯店總共有三座電梯，但蜂擁而至的賀客連電梯門都難以接近，不少來賓乾脆拾級而上，走上十二樓的禮堂。台視動員了不少工作人員負責接待，星光閃閃，婚禮還沒開始，來賓則忙著看明星，一邊又忙著拍照留念。」[5]房務部協理林寅宗說楊麗花喜歡火鶴，當日臺北花店裡的火鶴都被蒐羅到這裡了，花籃從飯店門口排到中山北路上。

網路上至今仍可找到《女兒心，楊麗花婚禮特輯》的影片。當年台視有意實況轉播婚禮，然新聞局不准，只得折衷以特別節目播出。影片剪接歌仔戲巨星的生活花絮，晨起練劍強身報國、讀報關心國家大事，行有餘力要走訪孤兒院，節目主持人旁白夾議夾敘，說歌仔戲巨星日常生活如何教忠教孝，節目如同政令宣導，其時，新聞局長為宋楚瑜，更進一步禁

4 《聯合報》，一九六四年二月七日，版三。

5 《聯合報》，一九八三年三月二十七日，版三。

限臺語歌及臺語節目，明明是婚姻特輯，歌仔戲天王仍被不合時宜的國語政策綁架，在影片中吞吞吐吐地講著國語。

然而巨星畢竟是巨星，證婚的是時任臺灣省主席的李登輝，副總統謝東閔、中央黨部祕書長蔣彥士、交通部長連戰都前來觀禮，「下午三點一刻，新郎洪文棟伴著嬌羞的新娘楊麗花，在四對伴郎與伴娘及一對小花童的陪伴下，緩緩步入禮堂，婚禮正式開始。在省主席李登輝的福證，與副總統謝東閔的觀禮中，他們從此相隨相攜，成為人生旅途中的『牽手』。婚禮特別請來知名的播音員李睿舟擔任婚禮司儀，他特別說明，四對伴郎伴娘代表著四季發財、四季平安、四平八穩，加上一對新人更是湊成了『十全十美』。

「賀客因為看不到新人，所以紛紛擁向台上，造成不小的騷動，李睿舟既著急又躁熱，無奈地掏出手帕摸額頭上的汗，新人也只有將四周的鼓噪充耳不聞，盡量讓面部表情安寧，當李登輝致詞祝福新人時，大廳依然無法安寧，圍在餐桌邊的賓客已經自動自發喝飲料取餐點。由於賓客難尋容身之地，典禮尚在進行中，有的就紛紛求退了，交通部長連戰，挽著嬌妻方瑀隨人潮擠進電梯。婚禮儀式完全依照傳統進行，交換飾物、用印，但因為賀客熱情，使得一切進行困難，幾乎被迫中斷。雖然當初設想周到，使新人們有個小小舞台，可以略微『高人一等』，但萬頭鑽動，人海茫茫，還是沒辦法滿足大家的視線，觀禮的來賓大多數沒能見到新人的新貌。楊麗花再度出場時，換上粉紅色禮服，嬌媚而又明豔，在洪文棟的扶持下，同時切贈蛋糕，謝副總統含笑在旁觀禮，賀客以掌聲獻上祝福。」[6]

楊麗花婚宴轟動一時，也引起效應，隔年，明華園孫翠鳳與陳勝福也選擇紅房子完成終身大事。其餘在圓山結婚的名人還有張俐敏、羅時豐、豬哥亮等人。豬哥亮再婚，席開八十餘桌，省長宋楚瑜、新任總統府秘書長吳伯雄等政要參加外，還有演藝界人士參加，星光閃閃，冠蓋雲集，光禮金就收了三千萬。企業界的豪門婚禮有鴻海郭台銘、頂新魏應州、仁寶許勝雄、中信辜濂松，孫芸芸與廖鎮漢的婚禮亦席開百桌，名人們在紅房子走向紅毯另一端，有人白頭到老，也有勞燕分飛，結局不同，但那無損小老百姓心中在紅房子辦喜事的渴望。那些名人的婚姻都是光環加持，宴席上擺上一盤宋美齡喜愛的口袋豆腐或紅豆鬆糕，當日對統治者有多敬畏，眼前的菜餚就有多華麗。

6 《聯合報》，一九八三年三月二十七日，版三。

第十一章

蝙蝠飛完時

少帥的壽宴

紅房子裡，一場壽宴熱熱鬧鬧地進行著。

百歲老壽星高坐首座，笑容可掬，前來祝壽的親友們，有的跪拜、有的鞠躬，「萬壽無疆」、「再來一個一百歲」祝福聲此起彼落，李登輝差人送來匾額，上書「景福上壽」。霎時間，紅燭壽幛、蟠桃橫幅，將廳堂點綴喜氣洋洋，紅光一片[1]。

時間是一九九九年九月六日，壽宴主桌上坐著郝柏村、梁肅戎、李煥、邱創煥、馬樹禮、孔德成，陣仗無異於國民黨中常會，因競逐二〇〇〇年總統寶座，遭國民黨開除黨籍的宋楚瑜也來了，他見著了老壽星笑嘻嘻地說：「立公的百歲誕辰，大家都非常開心，立公是國民黨在大陸時期最年輕的祕書長，而我呢，是在臺灣時期最年輕的祕書長，但比起立公還差一大截呢！」

宋楚瑜口中的老壽星「立公」乃國民黨大老陳立夫。

一九〇〇年生的陳立夫是蔣介石義兄陳其美之姪，憑此裙帶關係，二十七歲的他年紀輕輕，即出任蔣介石機要祕書，短短兩三年間爬到中央黨部祕書長與國民黨中央組織部部長，位高權重，與兄長陳果夫並稱「二陳」。隨後，其派系發展成「中央俱樂部組織」（Central Club），外界簡稱「CC派」，抗戰前夕成員達上萬人，成為民國四大家族之一，權傾一時，民間亦有順口溜謂：「蔣家天下陳家黨，宋家姐妹孔家財。」

樹大難免招風，四九年國共內戰蔣介石大敗，流亡孤島，CC派成為攻訐的對象。其政敵如陳誠主張大陸失守，CC派難辭其咎，應把陳立夫關到火燒島。飛鳥盡，良弓藏，李宗仁、白崇禧桂系集團已澈底崩潰，CC派再無利用價值，兼以蔣介石決定培植蔣經國，心中有了削藩的打算。蔣中正召見陳立夫，問他對「國民黨改造」有何想法？陳立夫說：「大陸失敗，黨、政、軍三方面都應有人出面承擔責任，黨的方面由我和陳果夫承擔，因此我們兄弟不宜參加黨的改造。」[2]此後，陳立夫兄弟遠離權力核心，一九五〇年，陳立夫以參加

1 《聯合報》，一九九九年九月七日，版七。

2 張學繼、張雅蕙，《陳立夫大傳》，團結出版社，頁一三六。

「道德重整會議」的名義，自願放逐美國紐澤西州。黨國大老在異鄉開農場，養雞賣皮蛋賣粽子，彷彿蘇武牧羊，一待就是十八年，直到蔣中正召回。

陳立夫成為祭旗，政壇全是風聲耳語，江南（劉宜良）在《蔣經國傳》寫過一個故事，講陳立夫臨走前，宋美齡送他一本聖經，說：「你在政治上負過這麼大的責任，現在一下子冷落下來，會感到很難適應，這裡有本聖經，你帶到美國去唸唸，你會在心靈上得到不少慰藉。」陳立夫望了望牆上的總統肖像，低沉著聲音表示：「夫人，那活的上帝都不信任我，我還希望得到耶穌的信任嗎？」

江南寫作未標出處，然而政壇恩恩怨怨，假做真時真亦假，與蔣介石的心結，陳立夫不解釋，也不澄清。百歲壽宴上，老壽翁只分享長壽祕訣：「養身在動，養心在靜。飲食有節，起居有時。知足常樂，無求乃安。減少俗務，尋求安寧。」活得比你的敵人還健康還長久，就是最漂亮的復仇了。

「知足常樂，無求乃安。減少俗務，尋求安寧」，十六字養生祕訣聽在另外一名人瑞耳裡必然也是心有戚戚焉，時間往前推十年，地點一樣是紅房子，那年五月底，政壇流通著一張請帖，上頭好文雅地寫道：「中華民國七十九年國曆六月一日為張漢卿先生九秩大慶謹詹於是日正午十二時假座圓山大飯店十二樓崑崙廳潔治壺觴共申祝嘏之忱尚祈高軒蒞臨以介眉壽。」共同署名的有孫運璿、李國鼎、張寶樹、倪文亞、秦孝儀、蔣彥士、馬紀壯、郝柏村、梁肅戎、邱進益等八十位黨政要員署名[3]。

漢卿，就是張學良的字，也只有張學良過壽，可以轟動武林，驚動萬教了。

一九三六年十二月十二日西安一場震驚中外的「兵諫」，不僅改寫了中國近代史，也注定了張學良半生監禁。六月一日的壽宴是他被囚禁數十載後公開亮相，臺北圓山飯店「崑崙廳」裡的壽星，穿著剪裁精緻的西裝，襟上別著燦爛的蘭花。金邊眼鏡裡，探不到遣兵用將的威武神采。少帥老矣——在親友口中的「是慶生，也是平反」的壽宴上，垂垂老矣的少帥，信心十足的宣布健康現況說：「除了老了，我沒有崩潰！」[4]

「十多年來和張學良同甘苦的夫人趙一荻，坐在壽星身邊傾聽。新畫的柳葉眉下，展開一張標致的輪廓。紅顏為君老。漢卿夫人十五歲和翩翩少帥一舞定情，隨後的精神遭遇，似乎顯現在攝影記者的閃爍燈光裡。」[5]

到場祝壽的黨政高層有黃少谷、陳立夫、杭立武、李煥、劉安祺、郝柏村、梁肅戎、宋

3 《聯合報》，一九九〇年五月二十八日，版三。
4 《聯合報》，一九九〇年六月二日，版三。
5 同注釋4。

楚瑜等近千人。宋美齡也送了鮮花致意。政壇耳語蔣介石在臨終前交代經國「不可放虎」，張學良送給蔣介石靈前的輓聯則是：「關懷之殷，情同骨肉；政見之爭，宛若仇讎」，張蔣二人愛恨糾纏一輩子，但與蔣介石妻兒宋美齡、蔣經國互動良好。五〇年代，宋美齡曾在高雄見過張學良，也就是在那次勸張學良改信基督教。六〇年代張學良移居臺北，最初，蔣經國替他張羅落腳處，安插他住在陽明山幽雅路台航招待所，蔣夫人攜蛋糕來賀趙四小姐生日，還對蔣經國說：「你就讓他住這破爛房子啊？」後來乃在大屯山另覓地建房。直到一九九〇年二月四日，據王鐵漢將軍說，孔令侃回國，在圓山飯店請吃飯，蔣夫人和張學良也在座，蔣夫人還對王鐵漢說：「我們對不起漢卿！」[6]因為年齡相仿，張學良與蔣經國往來甚密。蔣經國擔任國防部長之前，幾乎每個月都要到張學良的寓所拜會，也陪張學良外出遊玩、釣魚，天南地北，除了西安事變，什麼都能聊。

當日，李登輝也送上了壽屏和賀禮，那動作等於是中華民國政府對張學良一生功過的公開昭告。蔣介石囚禁他，蔣經國釋放他，李登輝則給他完全的自由。壽宴上，沙場征戰的少帥如今是虔誠的基督徒：「我對國家、社會、人民完全沒有建樹。現在，我把一切都交給主耶穌，如果耶穌基督要我對國家有所貢獻，我照樣付出年輕時的情懷。」[7]一年後，他移居夏威夷，與趙四選擇在東太平洋另外一個小島安度晚年，一切恩恩怨怨是是非非，再與他無關，虔誠的基督徒把晚年活成了一句使徒保羅的話：「忘卻背後，努力向前。」

大小強人故世了，政黨輪替，臺灣之子登基了，英九中興，陸客來了，小英執政，陸客又走。

海另外一端島嶼的事是與他無關了，他把自己從歷史的手銬腳鐐中解放出來了，功過都留予史家評斷。歷史是書冊，但歷史也是一本菜單，陸客來的那幾年，蔣介石的雪菜黃魚、宋美齡的紅豆鬆糕，陳立夫的蟹粉魚肚、養生食譜還有他的維揚干絲、清炒蝦仁，都變成餐廳菜單上的菜餚，伴隨著稗官野史，一口一口被吃下肚。

6 〈蔣介石階下囚，蔣經國座上客，基督信仰拉近與李登輝的距離，從禁錮到自由，張與三位總統的愛憎關係〉，《聯合報》，二〇〇一年十月十六日。

7 同注釋4。

第十二章
總統的理髮師

SHAVING，300。
HAIRCUT，600。

圓山商店街位於「金龍餐廳」與金龍噴泉之間，長約五十米，兩排的舖子櫥窗擦得亮晶晶，裡頭或者擺放華美的珊瑚，或者擺著閃亮玉石、名貴手錶，邱炎鐘的理髮店藏身其中，百葉窗終日拉著，看不出櫥窗內的動靜，顯得有點拒人千里之外。人稱邱師傅的邱炎鐘說，早些時候李登輝總統過世，有電視台打電話來，說要訪問當年幫李總統剪頭髮的人。頭髮是他剪的，電話是他接的，但他只是對話筒彼端記者說：「那個幫李總統剪頭髮的人已經不在這兒了。」

之所以拒絕受訪，邱師傅解釋乃「鄉下人講話憨慢」，早些年也不是沒接受過媒體訪問，但面對鏡頭，說完自己姓邱，腦筋就一片空白，不知道要說什麼了。但「鄉下人講話憨慢」是好事，當年圓山理髮廳五個理髮師，唯獨他是臺灣人，蔣經國來了，就指名他服務，若遇上他剛好有客人，蔣經國寧可坐在一旁，看書看公文，等他剪完，其理由就是他不多話。

兩個人互動多了，也培養出了默契。蔣經國來了，坐上椅子，話都不用說，閉目養神，再睜開眼，就看見鏡子裡面的自己神采奕奕的形象。理髮椅上的人從行政院長變成了總統，都留著同樣的髮型，而椅子旁的理髮師卻是同樣一套白色短袖制服，數十年如一日。那制服洗刷得白白淨淨，如同醫生袍子，而理髮廳三張理髮椅看上去也像極了牙醫診所診療椅，若非空氣中淡淡的髮蠟香氣和牆上的價目表，那場景與中南部鄉下齒科診所也沒什麼兩樣。

那牆上的價目表是邱師傅當年在中華商場訂製的，壓克力裁切的英文字母和阿拉伯數字，一個字一個字黏上去。SHAVING，300。MASSAGE，1200。HAIRCUT，600。年深日久，有些英文掉了字，但中華商場拆了，也不知道去哪裡找店家補綴，缺字的英文就讓它空著，釘在牆上，彷彿一張英文克漏字試卷。

邱炎鐘十二歲從彰化到基隆港邊的上海理髮廳當學徒，當年剪一顆頭五塊錢，今天六百塊，中間一百二十倍的漲幅，就是他長長的一輩子。

「我今年七十八歲，民國三十一年出生，彰化二水人，老家務農，因為不夠生活，就在基隆上海理髮店當學徒，上海理髮廳在愛三路跟仁二路，路口有一個舞廳，當年很熱鬧。會去基隆，也是因為同鄉的介紹，每月領七十塊零用錢。」他解釋著上海式理髮和台式的差別，說上海式會留鬢角，台式則是剃光，但社會人士不喜歡那樣。其時，成人理髮，剪髮、吹風、擦油，五元；理髮四元，剪光頭三元，洗髮吹風均一元，擦油一元五角；孩童剪髮二元五角，剪光頭二元。理髮師的回憶有港邊的鳴笛聲和雨水，五〇年代初期，是理髮業的黃金時代，港邊的城市尤其如此，當年的報紙可見盛況：「基隆市，適當港埠要地，商旅頻繁，人煙稠密，理髮店的老闆們是笑口常開，財源廣進，就是一個最起碼的理髮師，每天的收入也足夠買到黃金一錢以上，所以當時理髮業者個個都是西裝革履，風度翩翩，出入歌台舞榭，生活過得非常寫意」。[1]

理髮師西裝革履，出入歌台舞榭的黃金年代，雲林上來的小學徒沒趕上。拜師學藝的日子裡，早上洗地板洗毛巾，打雜的事情什麼都做，晚上八九點，打烊後，有冒失的客人闖進來，師傅通通走了，客人又非剪頭髮不可，那就是學徒出手的時候了。因為幫客人刮鬍手勁要拿捏得恰到好處，不讓客人覺得痛，他晚上拿筷子練習手腕擺動靈活度，一次練三炷香時間。一個夜晚三炷香，兩個夜晚三炷香，練習了七百多個三炷香時間，練到能在客人髮間手起刀落，行雲流水的時候，他收到兵單了。

兵役兩年，退伍後，相熟的師傅轉職圓山理髮廳，把他找了過去，「那時候理髮廳男賓部跟女賓部是分開來的，四位師傅，共七張椅子。椅子是老式椅子，很重，人踩上去才不會危險，重要政治人物來的時候安全檢查會把椅子拆開。那個椅子很貴，一套要七萬多，都是日本進口的，那時候，我一個月薪水才一千多塊。」

理髮師的回憶中，英文對話與樂隊演奏取代了港邊的鳴笛聲，他說，紅房子廣場有一尊大砲很氣派，「那時候我們還有很多邦交國，不管是哪個國家的國慶都在這邊舉辦，三、五天就有酒會派對，雙十節尤其熱鬧，停車場停滿車。那些大使、外交官酒會之前，有時候就來剪頭髮。有一次還幫美國副總統詹森剪頭髮，他來的時候，有外交部人員陪伴，他們會提醒要小心，要小心，本來是很平常的事，但他們一直講、一直講，愈講我就愈緊張。」

那是一個行文寫作，若提及元首名字，要空一格挪抬以示尊敬的年代，教室、軍營、公家機關，無所不在的領袖照片。老大哥時時刻刻注視著他的子民們，唯獨理髮師注視的是老大哥的後腦勺，「蔣總統第一次來，好像是當行政院長前兩個月（一九七一年），我還有客人，他就站在後面等，很隨和。一開始，他就說了他想剪的樣子，就是你看到照片的那樣，

1 《聯合報》，〈都為三千煩惱絲 理髮業者自害自〉，一九五三年七月二十八日，四版。

他跟我講話，講普通話，還是聽得清楚。剪了，他很滿意，後來就常來，幾乎每個禮拜會來一次。有一次應該是那天的行程要下鄉，他一早七點就來了，結果飯店負責燒鍋爐的同事前一個晚上忘了燒水，冬天，水龍頭打開，水是冰的，他也笑笑的，說沒關係。

「替他圍毛巾，發現夾克內裡（紡紗）很鬆，都磨破了，還在穿。當年西裝從三個鈕釦流行到兩個鈕釦，他就剪掉一個鈕釦，自己很節省，但對人很大方，那時候理髮二十五塊，他小費就給五百，一直給，慢慢給，到後期就變一千塊。有時候忘記帶錢，就說邱師傅、邱師傅，我今天沒帶錢，就先欠帳，下次來就補齊。有時候客人看到他，也會搶著幫他付錢，但他不喜歡這樣，說如果有人要這樣做，就說他已經付過了，也因為這樣，後來他來，我們都幫他準備另外一個小房間。隨扈武官站一堆人在外面等，但他沒叫，都不准進來。」

搶著幫蔣經國付錢的，還有紅房子的孔二小姐。稗官野史相傳蔣經國與孔家兄妹關係水火不容，但理髮師從歷史的後腦勺望過去，這對表兄妹卻是一派和諧，「孔二差不多兩三個禮拜來剪一次，遇到蔣總統就用上海話叫阿哥，蔣總統就會笑說你要來請客啦。孔二幫他付錢，他後來還是照付，說孔二小姐給的是小費。孔二剪男生頭。乾吹，往後撥，不用油，外頭說她梳油頭，那是不對的。其實吹風機吹牢一點，髮蠟、髮膠通通不用。外面說她脾氣很壞，那也不對，她很關心基層，她兇只是對高層兇。每次來剪頭髮，會問我吃飯伙食好壞，

566
メンソレータム
AD

說問我最準。其實她是心地很好的人，反而跟臺獨人士相處很好，老爺飯店的老闆林清波是臺獨老前輩，開南學校的董事長，孔二就跟他很好，還介紹工程給他做，本來這棟大樓要給林清波做的，但後來也不了了之。」

他說蔣總統當行政院長的時候頭髮又硬又多，但怎麼剪著剪著，發現頭髮愈稀疏，等到他感嘆總統的頭髮跟嬰兒毛一樣幼細，已經是蔣經國行動不便，他得去七海官邸幫他服務的時候。一九八八年一月十三日，蔣經國因心臟衰竭病逝七海寓所。副總統李登輝依憲法繼任總統，此後中國國民黨內引發一連串的權力鬥爭，最終李登輝接掌中國國民黨主席，全面接掌黨政軍權。外頭天地乾坤起了翻天覆地的改變，但紅房子閒中日月長，理髮師還在他的理髮廳慢慢地替客人理髮，只是原來是雇員，因為原來的老闆八十幾歲退休，他花三十萬權利金，把理髮廳盤下來，自己當老闆。

約莫是公元兩千年，李登輝出現在理髮廳了。

「第一次替他服務，問他以前怎麼不來？他用臺灣話說頭家抵遐，怎麼好意思來？一開始就看他需要怎麼剪，以後照那個形體去剪。他都跟我們講臺灣話，很健談。身體好的時候，一進來，就說『小邱，我今天要來講故事給你們夫妻兩位聽了』，他記憶力很好捏，天文地理，什麼都能講，他說他其實出生汐止，只是翻過一座山頭是三芝，外面才說他是三芝人。有時候一講就是一整個小時，通常都是他講，我聽，偶爾看了我一眼，我回了幾句，他又繼續講。大概是在家沒人可以跟他聊，愈聊就愈有精神，講一講就很歡喜。老人家重形象，以前一個禮拜來兩次，後來身體不好，一個禮拜來一次。他去年喝牛奶嗆到住院前幾天還有幫他剪，算算也剪了二十幾年有了。」

第一個元首從一九七一年剪到八八年，第二個元首從公元兩千年剪到二〇二〇年，「很多客人都是剪了三四十年的老客人了。老軍人何應欽、高軍遠也是熟客。張忠謀以前沒結婚，常常來。他跟李遠哲在樓上開會，用跑的，誰先到誰先理髮。張忠謀以前愛跟我出價，開玩笑都說常客，要算我便宜一點，他結婚後被太太帶走，就比較少來。他還要我買台積電股票，說買著放著不賣以後就會賺錢，但我也不懂，那時候台積電創辦前兩三年都虧本，孫運璿、李國鼎，幫忙後才有賺錢。」理髮師一手執刀，一手指尖穿過老客人的髮，青春年少剪到白頭到老，也就是一輩子，「以前當學徒的時候，被叫小邱，小邱小邱被叫到老了，漸漸地那些叫我小邱的人越來越少，我的本事換別的工作也不行。做這行，就做到不能做為止。現在兩個人一個月沒有三萬，一輩子都賺不了錢，但生活沒問題。我老婆跟我說我們去外面做好了，但圓山這邊客人都很像兄弟、朋友，捨不得離開，這個社會上好人還是很多。只要身體還可以，就一直開著，等他們來。」

第十三章
大火

舊時王謝堂前燕，
飛入尋常百姓家

吳珮菁說，出事的那一天，是一個很熱、很熱的夏天上午。

其時，她是「金龍廳」的領班。那一天，先生騎機車載她從汐止的家騎到圓山紅房子上早班。坐後座的她突然聽先生講：「欸你們圓山在冒黑煙欸。」她拍了一下先生肩頭，說不要亂講啦，一抬頭，卻見山上的紅房子冒著火光和黑煙，「飯店失火了！」她心跳頓時停了一拍，精明的家庭主婦閃過腦海的第一念頭是：「汐止的家是新買的，四月付了頭期款，才剛搬進去，飯店燒了，工作沒了，那房貸該怎麼辦？」

那一天，一九九五年六月二十七日上午十時五十九分，圓山飯店失火。

網路上至今仍可以找到當年事發的新聞影片。電視台攝影機從高速公路拍過去，劍潭山上的紅房子屋瓦火舌亂竄，濃濃冒著黑煙，連線記者尖著嗓子，亢奮地嚷著：「上午十一點圓山飯店在短短的幾十分鐘內就陷入了一片火海。當時沒有人知道在這座大飯店的屋頂下到底還有多少人受困待救，也沒有人知道圓山飯店會被整個火舌吞沒。在第一批消防人員趕到後，大火夾雜著濃煙像一條長龍似地向天空延伸。由於圓山飯店位置極高，幾乎在臺北市的任何角落都可以看見這大片的濃煙。現場的消防人員愈發緊張，然而即時逃出的外國旅客卻在飽受驚嚇之餘，還能拿起攝影機，拍下難得的紀錄。

「狂風表現在不聽使喚的水柱和不斷延燒的大火上，火勢在短短半個小時就燒遍整片屋頂。消防雲梯車噴灑的水柱完全比不上不受控制的祝融，於是大批著橘色服裝的救助隊員開始攻入火場。揹著厚重裝備，從一樓爬到十二樓，並不是件容易的事。這些救助隊員除了攻火，還得在圓山飯店裡數百個房間逐層搜索救人。躺在擔架上的是消防大隊大同廖姓分隊長，他被掉落的屋頂碎片擊中而緊急送醫。不過這些狀況並沒有立刻停止，陸續又有兩名消防隊員和一名熱心救援的民眾在火場中受傷。搶救沒有明顯的效果，警方便聯絡空中警察隊，企圖從空中援助救火。不過由於直升機上並沒有滅火設備，在空中盤旋一陣子後便調頭離去。

「大火幾乎把屋頂上能燒的建材都燒得差不多，裝潢木材和屋頂一片片的往下墜落，不

・圓山飯店十二樓火災後現場，中央社提供。

斷提高火場的危險性。此時，突然有圓山飯店員工的家屬痛哭流涕地趕來現場，表示家人失蹤，還在火場裡，讓原本現場已鬆懈的心情再度專注了起來，更糟糕的是，掉落的屋頂使圓山的後山也遭池魚之殃。經過一場場的混亂狀況不斷發生，消防大隊終於在下午二點九分宣布控制了火勢。緊接著在兩分鐘之後，完全撲滅大火。三個多小時的搶救下，圓山飯店保住了九層樓以下的房間；不過十二層右方占了三分之一樓層的總統套房和宴會廳、十一樓的倉庫和十層樓的套房及餐廳，全部被大火燒毀。」[1]

退休的員工陳璇追憶事發情況：「那天我值班，當時我是客務、房務主管，知道屋頂失火了，第一時間就打電話給每層樓的領班，他們有Master key，可以打開房門，看看客人有沒有離開，當天飯店還有一百三十位住客，等住客全疏散了，然後再確認工作人員是否都撤離，那時候有個員工問說『陳主任，怎麼辦？總統套房還有很多傢俱，還沒搬』，我說不管了，客人和員工的安全最重要。很多記者圍到我面前來問，我說：『第一，我們客人員工財物都沒損失。』等於是把情況給穩定下來。」

圓山總會計王錦樑當時人在十一樓開會，同事喊失火了，他反而跑上去看，「火怎麼

1 https://news.cts.com.tw/cts/society/199506/199506271765214.html

燒的？屋頂正在翻修，準備要蓋瓦了，工人在西側焊東西，颳起風，火花引起火災。消防隊來了，但樓太高了，水完全打不上來。」相關單位鑑定肇事原因乃外牆裝修工人因電焊不慎惹禍，這已經是這大半年來紅房子發生的第三場火災，前幾個月，餐廳亦發生兩次零星火災。一九九五年的三場大火燒出紅房子的疲態和沉痾。一九九三年一至九月住房率僅達三十六％，不及房間數差不多的「晶華酒店」的一半（七十七％）。「全世界再也找不到城市中有一個小山丘為腹地的飯店，它的景觀也是沒得比，可是服務太差，」住過全世界許多飯店的「味全」總經理黃南圖惋惜地說。同業也批評圓山飯店：「不像服務業，像公家機關」[2]。

靈魂人物孔二小姐過世未滿一年，卻頻頻出狀況。大火、漏水、空廚送餐延誤、工會與飯店抗爭……火災前兩個月，還發生了當年的副總統連戰和馬拉威總統莫魯士受困電梯將近一小時的意外。

電梯受困這件事是這樣的：當日，連戰宴請莫魯士，美酒佳釀，賓客相談甚歡。餐後一群人坐電梯離開，未料受困在電梯裡近四十分鐘，莫魯士笑說：「趁大家都還在，不如我們來開個高峰會吧。」連戰自嘲：「可能是邦交太穩固，才會被困在這裡吧。」事後調查，始知是圓山簽約保養電梯的「ＯＴＩＳ」公司安全維修人員並未到班，人簽到後就不見蹤影，出事之後，飯店又花了許多時間去尋找維修員[3]。

外界把圓山大火視為蔣氏王朝最後一座城池失守，有報紙稱「龍脈被燒，國民黨氣數已盡」[4]，風生水影的龍脈傳說，使得劍潭山上的紅房子成為兵家必爭之地，朝野立委聯手「圓山飯店改建為國會山莊」提案，飯店的大房東省政府主席宋楚瑜回嗆：「尊重歷史……不屈服特權。」飯店復建，時任臺北市長的陳水扁稱：「金龍、翠鳳、麒麟廳三個建物，產權登記有問題，根本是沒有產權的違建，復建從嚴處理。」

火災發生時，六〇六號房住著許信良。當年二二八前夕，他舉行記者會宣布參選中華民國第一屆民選總統，進駐紅房子，把圓山飯店當成競選總部。他砸兩百萬租下紅房子四十四坪套房，外界說高人指點，有風水考量，當然，政治人物予以否認，僅稱：「圓山地理環境優越，與總統府遙遙相望，在此高處思考有助於培養開闊胸襟，制定長治久安的治國理念，以便他實現帶領臺灣人走向二十一世紀的願望。」[5]

火災當日，許信良亦在現場，當時正與幕僚人員在房間舉行行前會議，並接受媒體訪

2 〈圓山飯店員工薪資占營收五十二%，嚴長壽將提高業績稀釋比例，立委要求釐清定位和資產〉，《經濟日報》，一九九九年五月二十日，版三十七。
3 《聯合報》，一九九五年四月二十八日，版四。
4 《聯合報》，一九九五年六月二十八日，版十四。
5 《聯合報》，一九九五年二月二十八日，版二。

問。大火發生前，幕僚因聞到異味，特地向櫃檯詢問，但櫃檯人員僅回答是屋頂翻修正在進行焊接；幾分鐘後，櫃檯人員來電告知：「趕快疏散」，許信良、黃信介在內的一行人隨後緊急自飯店樓梯逃生[6]。災後，許信良競選辦公室如常運作，甚至對記者笑說，火越燒，他選情越旺。然而事後卻對圓山董事長熊丸說大火讓他感到不妙，許信良第一階段初選中擊敗林義雄、尤清，進入第二階段初選，卻因「臺獨教父」彭明敏的參選而被截胡。

各方人馬因為想入主紅房子，上面的龍爭虎鬥與基層無關，只有默默做事。

林寅宗在火災發生那天，他到南部參加後備軍人旅遊，去左營看軍艦。旅途中，朋友說：「欸欸欸你們圓山燒掉了。」他嗤之以鼻：「你少在那邊臭彈，圓山哪有可能燒掉！」晚上回家一進門，老婆慌慌張張地說圓山失火了，他開電視發現是真的，「結果當晚失眠了，整個晚上都在想著覺得可能會沒工作了，飯店燒掉之後我要做什麼？」

他隔天到飯店，餐廳繼續營業。因為飯店投保的緣故，受損建物要等保險公司鑑定後才能進行復建，「做餐廳的還是做餐廳，站櫃檯的還是站櫃檯，我們房務部門就守在三樓，輪流排班在封鎖線外，禁止閒雜人等通過，要不然保險公司說你破壞現場，就不賠了。每天就只做這一件事，大概爽了七、八個月吧。但大半年過去，等到可以上去打掃，才知道慘了。火災的時候，消防車的水柱從外面打進來，順著屋頂往下流。大半年過去了，傢俱、床墊泡在水裡發臭發爛，跟大便水一樣。因為吸飽了水，原本一個人可以掀起來的床墊，換四個大漢來也扛不動。因為怕漏電，電源都切掉了，不能搭電梯，只能戴著礦工的頭燈，走樓梯，一層一層慢慢搬，地板也長滿了青苔，搬一搬還滑倒。」

林寅宗和幾個同事把房務部的同事組織起來，男男女女六十三人，成立圓山復建小組，從低樓層往上整理，哪一層整理好，就恢復營業。每天工作十六個小時，飯店整棟恢復營業已經是三年後的事情，自豪地說三年幫公司省下一億元，為什麼？「那時候歐陽菲菲有一首歌很紅，叫《感恩的心》，我的心情就跟這歌一樣，很單純一個想法，一個國中畢業的山上小孩來到這裡，結婚生小孩，等於圓山養我全家，回饋一點也是應該的。」

為清運工作方便，小組訂做了黃色T恤，到員工餐廳吃飯時，其餘部門同事都戲稱「黃衫軍來了」，同部門同事也有不認同他們的理念，有申請調離單位，也有離職的，有的直接置身事外。一日，總經理池漢乾把他跟黃衫軍另外兩名頭頭叫到辦公室，指著桌上一疊厚厚的信件，說這些都是黑函，講他們收廠商回扣的，他沒看，也相信他們的付出，要他們把信件帶回去自行處置就好。「那時候我們在八樓有一個臨時辦公室，我跟同事把信帶回去，黑

6 《聯合報》，一九九五年六月二十八日，版二。

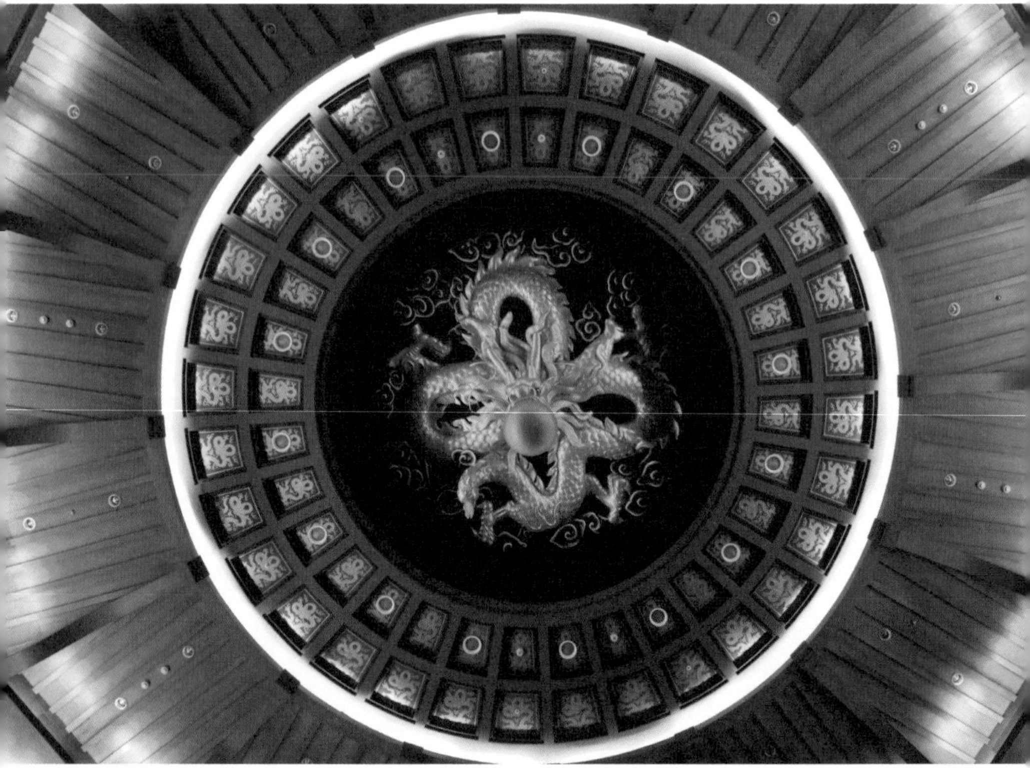

・大火後重建的大會堂，屋頂金龍盤據。

函放在桌上，很厚一疊喔，我看大概有四、五十封。同事伸手就要去拆來看，我說等等，總經理說他沒看，那他怎麼知道這裡面全是黑函？本來那些廠商就不是我們找的，我們完全站得住腳。要真的把信一封一封拆來看，一來可能心裡會不舒服，二來可能破壞我們之間的和諧。我們就在陽台把那些信都燒掉了。」

諷刺的是，當日把收回扣黑函轉交給林寅宗的總經理池漢乾，後來也被揭發利用整修工程中飽私囊，併吞一千五百萬。臺灣臺北地方法院檢察署也以八十六年偵字第二一五六六、二一六一〇、二一九三一、二六六一八號起訴書將董事長熊丸與總經理池漢乾列入被告公訴，指「熊丸與池漢乾關係密切，在引進池漢乾擔任總經理後，即陸續發生下列侵占公款情事：違背工程修繕金額高於一百萬元須公開招標規定，於比價時且提高發包金額。以公款整修熊丸私人住宅，先後核准支付二百二十五萬元及三百一十九萬六千八百二十七元。」[7]

熊丸一九九八年請辭董事長，辜振甫繼任，延攬「亞都麗緻飯店」總裁嚴長壽擔任總經理，外界期盼「觀光教父」能讓四十五年紅房子浴火重生。隔年五月，嚴長壽赴立法院備詢（當時飯店歸屬於交通部），立委要求相關部門應釐清圓山飯店資產及定位，他稱剛接手圓

7 監察院新聞稿，一九九八年。

山飯店總經理時，員工薪資占總營收七十%以上，高出一般飯店甚多，經過他一年的調整，已降低至五十二%。嚴長壽指出圓山飯店有許多薪資和休假制度都優於勞基法，他接任當年飯店在虧損狀態下，仍發出二．七五至三個月的年終獎金，對經營成本形成壓力。也唯有除去以前的包袱，走向公司化、民營化，飯店才有活路[8]。嚴長壽五月赴立法院備詢，未料一個月後遭工會罷免，稱他「裁撤飯店忠心的老幹部，帶來一堆高薪，事少，又不負責的高薪幹部，這根本不是溫柔獅子心的作為。」[9]嚴長壽心灰意冷，掛冠求去，只能祝自求多福。

一方是勵精圖治，力求飯店民營化，一方希望飯店收歸國有，主張既有員工權益不可剝奪，「嚴長壽很多想法都是好的，但他沒有把人的情緒考慮進去，他像是清朝的光緒皇帝，有變法的決心，但他操之太急了。」張玉珠表示。

貪汙、設備老舊、大火、漏水……在新舊世紀的交替，五十年的紅房子面臨轉型的抉擇，一九九五年的大火、嚴長壽的優退政策，老飯店走掉了一批老臣子，房務領班林寅宗、餐飲部協理楊月琴一群基層的員工被提拔起來，飯店的權力結構悄悄地改變了。公元兩千年，民進黨籍的陳水扁贏得總統選舉，舊時王謝堂前的燕子飛走了，尋常百姓進來了，黨國色彩濃厚的紅房子和這座島嶼拐了一個彎，進入新的世紀。

8 《經濟日報》，一九九九年五月二十七日，版三十七。

9 〈為何逼退新制度被指找麻煩，重專業被認為搶位子，圓山需要共體時艱卻沉溺往日榮光〉，《聯合報》，一九九九年六月二十八日，版三。

人物故事

吳珮菁／52歲
貴賓服務部經理

飯桌上的情感交流

「你們吃飽了嗎？」做餐廳的，開口閉口都問別人吃飽了沒。我們有時候上早班，十點半、十一點就吃飯，飲食時間不正常，有些同事不吃正餐，光吃零食，有胃食道逆流的毛病，這算是我們做餐飲的職業傷害……啊，對不起，有點離題了，我先自我介紹，我叫吳珮菁，是顧客關係部門的經理。我出生桃園，外婆是羅東人，小時候因為父母上班，寒暑假都會回外婆家，爸爸開車走高速公路，有一次看到圓山飯店，我指著山上的房子問：「媽，那棟房子是什麼，好漂亮喔。」我媽說：「那是圓山大飯店，是達官貴人去的地方。」那時候心生憧憬，想說長大要是可以在那棟漂亮的房子上班就好了。

後來，我們全家搬到羅東，我媽在那邊開美髮院。我們家三姊妹，她覺得我們可以繼承家業，做美髮也不錯。那時候大家樂六合彩很盛行，我媽沉迷求明牌，下雨看到路邊的水窪也能逼出號碼，要開牌的時候就守在傳真機旁邊，整個人魂不守舍，每一次下注都是幾十萬，三十年前欸，結果就把整個店都輸掉了。那一陣子剛好我高中畢業，家裡氣氛很差，很想離開家裡，但離家一定要自食其力，報紙翻啊翻的，心想，如果只有高中畢業，離家要做什麼事情才能養活自己？有一天，翻報紙看到圓山飯店徵才的廣告，心想飯店管吃管住，又有制服，哪還需要花什麼錢咧？那就這個了。

那時候來臺北應徵「萬年廳」服務生，那是「金龍廳」前身，生意好，但空間小，因為擴大營業，所以要招募工作人員。我記得進來填資料還要寫保人，我就寫了親戚的名字，後來順利應徵上了。一個人離鄉背井來臺北，住宿舍，上下鋪八個床位，可以睡十六個人，不用錢。剛來的那一個禮拜，每天晚上躲在棉被偷哭。那一年，我二十歲，算算時間，也二十八年過去了。

我偷哭只是單純想家，工作其實很開心，因為所見所聞都跟羅東不一樣。我年紀小，同事對我很照顧，端午節要上班沒有回羅東，領班還拿粽子給我吃。工作環境氣氛很好，有時候上兩頭班，中間兩點半到五點，是空班，會趁那個空檔背菜單，或者跟同事折口布聊天。那時候一個禮拜休一天，我們外縣市來的，其實很喜歡加班咧，加班一個小時，算一個半小時的鐘點費。

當時姊姊在臺北的連鎖髮廊上班，在士林租房子，喜宴有叉燒包剩下，我會打包，走下山拿給姐姐。我妹妹小我兩歲，後來她高中畢業，沒考好，覺得待在宜蘭沒面子，來臺北，在咖啡館打工存錢補習，後來我要她來圓山工作，姐妹一起在士林租房子，租雅房，一個房間上下舖，一個達興牌衣櫥。後來，她重考考上大學，我們也還住在一塊，一直住到她大學畢業。

我記得我是七月九日進來的，因為不足一個月，那個月拿了八千塊，我就拿了五千塊回家。隔月，薪水一萬二，我就拿一萬塊回家。我媽媽問我：「錢夠嗎？」我說：「夠啦，夠啦。」進來沒多久，我就被挑中做國宴外燴，那個有小費可以拿欸，總統府小費是兩百五，外交部是一百六。不過我的第一場國宴慘不忍睹，那一次李登輝總統在「金龍廳」包場。因為李總統致詞延誤了上菜的時間，後面出菜出得很趕，甜點上了，緊接著就得上備餐茶，碗蓋茶一個托盤、一個托盤接著出去。我跟我同事捧茶出去，再折回來，領班就怒氣沖沖衝進來大罵：「誰負責倒茶的，裡面都是空杯子，空杯子、裝滿茶的杯子你們都分辨不出來嗎？」我們上菜上到手很痠，手臂麻痺了，其實真的分辨不出來。

難忘的國宴經驗喔，我記得是八十年的一月十四日，李登輝總統生日，他在家辦餐會。他只要兩名服務人員跟一個幹部，總領班帶我們去的。我們被接走，車窗黑黑的，都不知道被載去哪裡，只記得他住的地方有綠油油的草皮，很多蘭花，花園很大很漂亮。我們可以走動的地方只有廚房和飯廳，兩點一線，宴席開始了，我們負責上菜跟倒飲料，我看賓客桌上飲料半滿，心想如果頻頻倒飲料會打擾客人不大好，就在旁邊站著，但總領班一直瞪我，最後是他自己上去倒飲料。

我們沒有政治色彩，在這裡，我們眼底的客人都是彩色的。讓我印象最深刻的是林洋港先生。他常常在「國宴廳」宴客，他有一個習慣，宴客時間六點，他五點就會到。會巡視一下場地、餐具整潔的程度，也會跟我們交談，說今晚他宴客的對象是誰，有什麼需要注意的地方，走過一輪，他就會坐在國宴廳角落的沙發休息，我們給他上茶，他會用臺語說：「不耽誤你們的時間，現在快去吃飯，快去休息。今天就麻煩你們了。」用餐中他喝烈酒，都是用一口杯，都倒滿。不是拚酒的喝法。

國宴因舉辦的地點，耗費的體力也不同，其中最累的應該是中山樓。會在中山樓舉辦都是九月款待優良教師。每次出動的服務生多達三十位。外燴多，連帶小費也多，來這邊沒多久，我就跟了一個三千塊的會。那時候跟會的風氣滿盛的，大家都會互相鼓勵。那時候景氣很好，「金龍廳」的主廚是劉少文，國宴、外交部也會帶賓客來用餐，還有日本旅行團團客，加上股票上萬點，客人絡繹不絕，常常爆滿。空廚也還在，我還有拿過五個月薪水的分紅，過年不休假的話，除了當天的本薪，還多加三天的加班費。

我跟我先生也是在這邊認識的。我民國七十九年來圓山，我先生也是。他四月，我七月。他是草屯上來的，是最基本的廚工。剛來沒多久，他可能是在人資那邊看到我的資料，知道了我的生日是九月，有一天他開口跟我說：「妳生日快到了欸，我看班表，妳那天休假欸，我也休假，我帶妳出去玩好嗎？」我愣住了，但不知道怎麼拒絕，就說：「我在忙，再說。」但他以為我說這句話就是我答應，高興地跟其他同事說：「吳珮菁要跟我出去玩了欸。」我耳聞這事，心裡很慌，只好拉著一個同事一起出遊壯膽。當天，他又找了一個男生，四個人兩台機車，雙載去淡水。在淡水老街吃完牛排，兩個同事先走了，我跟他就去河邊散步，走一走，聊一聊，覺得他很單純、善良，兩個人也越走越近。下班沒地方可以去，就在飯店花園的小臺階坐著聊天，一邊聊天，一邊打蚊子。他在廚房，我在外場，有時候知道炒出來的菜是我送的，都會有特別的擺盤。沒幾個月，他就認定這輩子要娶我，兩個人等於是以結婚為前提做交往。

那時候他阿公阿嬤年紀很大了，希望可以在有生之年看到長孫結婚，有一天突然就到宜蘭拜訪我家人，我事先也不知道，我媽媽說：「我們家珮菁才二十二歲，這麼早結婚，在臺北要住哪裡啊？最起碼也要有一棟房子。」等於給他一個軟釘子。他就下定決心說要存錢買房子。那時候林森北路有一家叫做「吸引力」的KTV廚房在徵人，他在圓山薪水兩萬多，那邊給他四萬五，為了存錢，他跳槽過去，每天從下午兩、三點炒菜到三更半夜。那時候，我就一直跟會，還當會頭，最多還有十幾張會單，那大概是我們兩個存錢存最快的時候，還是抽勞工貸款，八十四年在汐止買了房子，四百五十萬，兩房，七成貸款。

我們四月買房子，六月圓山就發生火災。有一天，先生載我上班，半路上遠遠看到圓山方向天空濃煙密布，他說你們飯店失火了，我拍打他肩膀，說不要亂講話，誰知道愈騎愈近，發現飯店屋頂冒煙，心都涼了半截，房貸才剛繳了，萬一沒工作怎麼辦？還好飯店基礎很穩，仍繼續營業。那一陣子，上級有好幾次要調我去基隆當店長，那時候他們外包了一個長榮的餐廳還是什麼的，在海邊，我想我在「金龍廳」當副理，當得好好的，不想變動。沒多久，「圓苑」搬家，上頭要調我去「圓苑」，晉升不晉升都是其次，但能不能做好，我很擔心。但上頭說非我不可，我沒有選擇餘地，只好硬著頭皮去做。後來，「圓苑」經理退休，半年後我就變成經理，直到去年四月離開「圓苑」，然後擔任宴會部經理到十月，十一月工作異動，變成顧客關係部經理。協理跟我說需要一位顧客關係經理，她說她第一個想到的人就是我，她都這樣說，我能不答應嗎？

顧客關係不是客訴，而是老客人跟飯店之間的窗口，要跟他們盤撋（puânn-nuá，交往）。我還沒當經理，手機好友屈指可數，現在當了經理，每天都會跟客人傳LINE，跟他們分享菜單上的新菜色什麼的。客人來這裡吃完飯之後，也會LINE他們，問菜色怎樣？需不需要改進？時不時噓寒問暖，母親節去哪裡吃飯啊，要不要先預留位置。久而久之，客人來吃飯之前也會LINE我們，問我在不在，說上次來沒看你，感覺那個菜就不好吃。客人來吃飯，有時候會聽他們抱怨生活大小事，每個人說話的時候，都希望身旁有人傾聽。我們做餐飲，與其說是服務客人吃飯，其實更像是情感交流。其實我算內向的人，以前媽媽叫我出去買醬油，都不大敢出門，一切都是環境造就出來的。我喜歡這個環境，喜歡做服務業，客人吃飯吃得很開心，我就開心了，出去外面，別人聽說你在圓山，都會報以羨慕的口氣，我自己也覺得很有面子。

人物故事

嚴長壽／74歲
前總經理

在圓山實現做不到的事

我一九七九年進入亞都飯店，飯店十二月開幕。那個時候正好中美斷交，斷交以後，大家面對未來，有點不知何去何從的感覺，但另外一方面呢，又是經濟開始起飛的時候，早年在美國運通工作，世界各地跑來跑去的經驗，讓我看到商務客市場的機會。

我在美國運通養成看數據的習慣，一九七六年看到的數據，臺灣外國遊客百分之八十一是觀光客，其餘是商務客；但隔年再看，觀光客從原來的八十一變成七十九，商務客從十九變成二十一，雖然只增加兩個基數，但從商務客的比較卻是百分之十的成長率。在過去工作經驗中感受到國際商務客到日本可以住大倉、帝國飯店，到香港住半島酒店、文華酒店，甚至到泰國也可以住文華東方酒店，但他們一到臺灣，就覺得要降低期待值。那時候在臺灣，歐美商務客人可以選擇的只有少數希爾頓飯店、統一飯店等有限的選擇，其他飯店則大多以日本旅行團為主流，日本客人早期又以男性居多，來了以後呢，買春變成非常普遍的行為，因此往往去一趟北投，二十個人去，回來每人帶一位女伴，突然變成四十個人，一整團鶯鶯燕燕的。

我覺得應該要為商務客人打造一個有自己特色的旅館，說實話，亞都的地點與環境都不好，可是亞都飯店因為經營手法得宜，居然一炮而紅。它成功的原因很簡單，一來，因為定位清楚，完全不收團客，只做商務客，這在當時是很大膽且新穎的概念。我在開幕的時候，特別買了八輛賓士加長禮車，每個客人出機場來，機場代表就先確認這個客人的名字，然後從機場打電話通知亞都的大門接待，於是客人還沒走進你的飯店，你就知道他的名字，旅客馬上就對這間飯店產生一種被重視、正面的好感。

我們記得客人的名字、喜好，甚至包括了他的工作需求，這些人性化的服務給了客人意外的驚喜，那時候商務客人來臺灣洽公，晚上也不敢亂跑，怕食物、水不乾淨，吃了拉肚子，於是我在飯店每個一三五晚上都辦酒會，不一樣領域的人齊聚一堂，他們都很開心，有賓至如歸的感覺。另外，就是設立商務中心，商務中所有的祕書都是從新加坡、馬來西亞、香港請來的，特別要求他們英文速記能力都必須很強，這對商務客很重要。亞都因此很快就打響了名號，後來我們應邀成為世界傑出旅館系統（Leading Hotels Of the World）會員，我也先後又加入亞太旅行協會（PATA）成為代表臺灣的董事，接著又加入青年總裁協會（YPO，Young Presidents' Organization），當時我的確很活躍，活躍的目的是希望讓臺灣跟世界做朋友，因為臺灣當時跟美國斷交了，但我覺得除了政治，臺灣可以藉由觀光、文化、經濟跟世界當朋友。我後來當上YPO亞洲的主席，一九八七年就把年會辦在圓山，選擇圓山，是因為圓山是臺灣門面，飛機還沒到臺灣，你在半空中就可以看得到，是臺北的landmark（地標），當時舉辦的活動很成功，這是我最早跟圓山結緣的經過。

一九九五年圓山發生火災，在重建的後期，當時圓山幾位資深的董事大老如熊丸、沈昌煥，幾個老先生拄著拐杖到亞都飯店找我，要我幫助圓山浴火重生。我沒有答應，覺得難度很高。因為以前蔣夫人的關係，圓山飯店是肩負國家的門面，接待外賓的重責大任，也因為這樣的緣故，給了圓山一些特權，譬如說機場的空廚，空廚很賺錢。但後來臺灣走向民主化，不能再獨佔那空廚的事業，華航、長榮自營的空廚陸續進來。我不答應的原因是覺得圓山由於自比為公營事業，沒有危機意識，工會也相對保守。

後來是因為辜振甫先生接了董事長。有一天，辜先生說要來看我，長輩來看我怎麼敢？我就去看他。我去看他的時候，他說：「我們圓山非要你不可。」「有啊，我說前面的董事長都來看我，我真的不敢當。」我回答了，辜先生又說：「長壽啊，我都下來了，你也下來吧，為了這個國家做一點事。如果能夠讓它改變的話，那也是件好事情。」我被他這樣講，一時不知怎麼回絕，只好說：「辜先生，要不這樣，兩個條件，我回去問亞都董事，你也去問圓山董事會，要兩個董事會都無異議通過，那我們再來談。」於是他說要去拜訪亞都董事長徵詢他的意見，我只能傳話給我們亞都董事長，沒想到董事長一口就答應了下來，他說：「千萬別勞駕辜先生，你這也是為臺灣做事情。」也因當時亞都飯店經營順暢，那一陣子我們正把飯店圍起來，作外牆整修，剛好有個空檔，我就跟辜先生說：「好吧，那就做一年，做到您這一任任期結束（一九九九年六月）。在這段時間，若能夠做成，那後來的事再說；首先需要改變的是圓山的服務文化。如果人無法改變，有再多的理想，也做不到。」

我是一九九八年二月到圓山，董事會就說：「欸，長壽，我們有幾件事等著你處理，第一件事，就是我們的空廚已經決定這個月底要解散。」我「啊」一聲，說：「這個月底不就是二十八日？有沒有跟員工講？」他們說：「沒有，就等你去了。」

那時候離二十八日根本沒有幾天了。我馬上就到機場，那時候大概還有五百多個員工吧，如果我沒有記錯的話，以前大概一千多個人，我到了就跟他們講話，說：「各位夥伴，我必須告訴大家，以前圓山空廚每天有數萬份的餐點，現在一天只剩下八百多份，如今華航跟長榮都要成立空廚了，勢必沒有機會，與各航空公司談判的時機已過，解散已經是無法避免的事情，請讓我想辦法為各位爭取最優渥的條件，讓你們過去其他新設的空廚，而且我願意寫推薦信，對於進不去的同仁，我就幫你們找工作。」我很誠懇的跟大家溝通，同時我也跟一些桃園有工廠的朋友拜託，拜託他們在圓山空廚設櫃檯面試，幫他們引薦工作。再找不到工作的，就由臺北圓山主管輔導他們，培養第二技能，學電腦或其他求職技能，每個主管都要認養幾個人，照護、追蹤，時間超過半年、一年吧，長話短說，空廚的問題算是處理得很順利，大家也都順利地就業與發揮專業。

隨後就進入改革期。於是我分批跟所有的同仁演講，我給圓山明確訂下五年、三個期程，第一階段就是「重生階段」，浴火重生，就是把圓山恢復到飯店往日的水準；第二個階段就是「精進」，就是開始要做得更好，進步到跟臺灣其他五星級飯店一樣的水準；第三個階段叫做「超越」，就是我們的目標要把圓山變成臺灣的半島酒店、臺灣的文華東方，真正成為臺灣的頂級品牌，因為臺北、高雄圓山員工很多，我總共做了十一場演講，跟他們很誠懇地溝通。

此外我開始嘗試做一些改變，例如，有一些同仁，一輩子只在一個領域做一件事，沒有互換角色，這很可惜。我先盤整人力，圓山櫃檯離大門很遠，從大門進去到櫃檯，根本沒辦法像亞都飯店一樣創造人性化的服務氛圍，尤其客人到飯店的目的又很多，於是我從各部門挑選出一些資深同仁，我對他們說，你們服務得很好，現在我要你們穿上西裝，幫我做接待經理。每一個客人進來，請你親自陪他們去櫃檯，去辦Check in，他們要去餐廳，你們就帶著他們到正確的方向，而不只是用手指。我等於是盤整顧客服務關係。那時候從制服到顧客服務角色的改變，圓山已經創造了一個很好的風格。以往是總統來，各級主管排一排恭迎，很像樣；可是平常對客人不做這個事，他們不是不懂，不是不會，而是沒有看到他的重要性，我現在就把這個服務層級往上提升。再來，我發現圓山的酒吧有老飯店的風格，稍稍裝飾一下，就改了一個名字，叫做「六〇年代」，加上一個爵士樂隊重新開張。那個時候生意很火，排隊還不一定進得去，復古變成一個風潮。然後，規劃「圓苑餐廳」，萃取他們的優點，主打湯麵和小籠包，定位成「五星級飯店裡面的鼎泰豐」。

我還做了幾個調整，原來上大樓梯敦煌廊那個樓層，除了宴會使用，兩邊居然都是客房，完全沒有隱密性，反而風景最好的轉角卻留下兩間大套房，一間是董事長的辦公室，另一間是我的。我剛到圓山的時候，才到門口，一個專門接待我的機要祕書一定等在門口，我觀察到圓山當時的文化是服務主管比顧客更重要，於是我用行動說服同仁讓他們了解包括我也是為顧客服務的，完全取消了這種文化，後來就乾脆把辦公室搬到十樓，把樓下那幾個房間都改成宴會廳，把最好的風景留給客人。

由於當時的條件，我同時還兼任亞都飯店總裁，亞都負責我一半薪水，圓山負責另一半薪水，事實上我除了每個禮拜六到亞都飯店簽簽公文，週一到週五幾乎都在圓山。後來為了怕飯店有急事要找我，所以後來我索性就搬到飯店。

那時候住在飯店裡，每天半夜等到營業結束，親自到廚房裡研究動線，自己拿著尺量，看可以怎麼規劃，真是無日無夜的。我後來把整個設計圖都畫好了，最後我把所有對圓山未來的服務流程，製作了每一部門的標準作業流程總共完成了二十七冊，希望當我階段性任務完成以後，還可以提供做為圓山未來邁向永續的參考。

現在回想起來，所有我在圓山的改革過程都是非常棒的學習，圓山是個國家級的地標，所有我在亞都做不到的事情，我都可以在圓山實現。等於你平常開的是小飛機，突然間駕駛了七四七，讓它翱翔於天空，你又把它的性能做一些調整和操作，最後安全地降落下來，我覺得這就是一個功德，我沒有任何遺憾，因為我本來就沒有要長久待在那邊，這也算是生命中一段精彩的歷練。

我離開後大約一年，都沒回圓山。後來再跟圓山員工相遇，是一個房務部經理的告別式。記得我當年特別從英國請Butler教他們管家服務，而其中一位經理不幸癌症過世，我去參加他的葬禮，我站在角落，沒有要講話，想到這些夥伴，把他們的一輩子給了圓山，想著想著我就掉淚了。後來我離開，工會有個夥伴，以前抗爭很積極的一位，事後寄了一封親筆信，寫說，「總經理，我在圓山四十年，從來只會有人想佔圓山的便宜，只有你會設身處地為我們著想。」他寫了滿滿七張信紙，我很感動。後來，我想到圓山，都是這些溫馨的，溫暖的回憶。

第十四章

總統的管家

圓山管家，為自己找到一張身分證

林寅宗命中兩場火災改變人生際遇，圓山飯店改變了後半生，那是第二場大火，第一場，是國中畢業在紡織廠工作遇到的。

林寅宗來自三芝山區，農家子弟，家境清寒。山上的孩子，讀國中的時候，還未吃過牛排，就在刀叉工廠打工，畢業到紡織工廠，一天工作十二小時，一個月薪水七百元左右。山上來的孩子心思單純，老老實實幹了兩、三年，也沒什麼見異思遷的念頭，直到鍋爐爆炸，一場大火燒毀了安穩的生活，「我被工廠的蒸汽彈出去，鍋爐的鐵片也是一樣，還好鐵片跟人的重量不一樣，落在不同的地方，那個力道如果被砸到，一定頓時斃命，但人被噴出去也不管身上有沒有傷痕，整個人又往火堆裡面跑，去關鍋爐，直到整塊鐵片掉下來才知道痛。」

火災意外後，他在家養了一個月的傷，隨後去臺北北門一帶的水果批發賣場賣水果，下班就住在店舖裡，「下午四點鐘老闆叫你吃晚餐，五點鐘趕你上床睡覺。這麼早哪裡睡得著？我看老闆、老闆娘先回去，鐵門一拉，就晃到西門町看場電影，八、九點再回來，躺下去才剛有睡意，十二點過後，就有人在拍打鐵門，中南部的水果行紛紛送貨上來了，一整個晚上根本不能睡。清晨四點，一邊開門一邊刷牙，小販就來了，幾百人來來去去，很多人都是先叫貨，過一回兒再來拿，記憶力要好，你要知道這個是陳先生，那個是誰誰誰，誰要三箱、誰要十箱，不要拿錯。我這幾天才跟我同事講，我這一輩子注定要做飯店，為什麼？飯店的制服都是紡織工廠做的，還有國中做刀叉外銷美國，跟水果店的水果，跟餐廳是不是有關係？飯店現在叫的水果，水果一摸我就知道。」

林寅宗言語詼諧，訪談中始終掛著笑容，北門水果行的機靈小夥計，人生下一站就是圓山了。

十來歲前工作的跌跌撞撞，都被他合理化成為了在圓山大展身手前的暖身動作，一切都是命中注定。但他一開始在圓山，並不怎麼浪漫，「水果商作息顛倒，待一陣子不適應就離開了，有一段時間找不到工作，我堂哥在圓山當服務生，他介紹我進來做clean（清潔人員）、洗馬桶。打掃馬桶有前途嗎？自己不免會這樣想，我堂哥也想到這一點，私下跟我說至少待六個月再走，不要讓他沒面子，要我趁這六個月找工作，騎驢找馬，沒有想到一個六個月過去了，兩個六個月，三個六個月過去了，我還在圓山洗馬桶。」

民國六十一年，一九七二年，那一年，臺灣由農業經濟轉型成勞力密集的發展階段，謝東閔推動「客廳即工廠」計畫，提升家庭收入，那一年，《包青天》紅遍大街小巷，從四月演到隔年十一月，每天晚上八點鐘，家家戶戶守在電視機前。除了追連續劇，深夜也得收看棒球實況轉播，那一年「中華立德少棒隊」獲世界冠軍，三冠王美夢成真。那一年，尼加拉瓜總統蘇穆薩和瑪莎葛蘭姆訪臺，兩組貴賓不遠千里而來，東道主皆在圓山飯店設宴款待——前者由嚴家淦副總統舉行歡迎酒會，後者由新聞工作者張繼高請客吃飯，外交官葉公超和青年林懷民皆是座上嘉賓，林懷民日後在報紙上回憶了當天的情景：「瑪莎到達時，（葉公超）先生趨前迎迓：『瑪莎，我從三十年代開始看妳的表演，在格林威治村。』瑪莎失聲驚呼，絕未想到遙遠的臺灣，竟有人看過她最早期的演出！東西方的兩位傳奇人物，在華髮生輝的暮年不期而遇，溫柔相知地對談——談文學、藝術和愛情，只有喜悅，了無滄桑。」[1]

林寅宗那時候在哪裡？他在十樓擦地板。「當年十樓有十九間的小套房跟一個大的宴會廳，每天就是一塊清潔膏加水稀釋，跪在地上擦，過程中，總領班檢查，人走到哪裡，戴著白手套的手摸到哪裡，看看乾不乾淨，那個嚴格訓練，造就不可思議的本領。我現在檢查房間，用手指去觸摸，觸感和聲音會告訴你有沒有乾淨。再來，馬桶不是有兩段式沖水嘛？按鈕一按，水箱內壁會有一段是乾的，一段是濕的。內壁有水珠，表示沒有清洗乾淨，清潔劑洗過，雖然是濕的，但不會有水珠的。」

左一個六個月，右一個六個月，刷地板、洗馬桶日復一日，六個六個月過去了，他發現飯店的同事是有階級的，高階主管、職員、職工，吃飯的餐廳、搭乘的電梯完全不同，客用電梯只有客人與高階主管可以搭，搭錯了，第一次抓到扣一個月薪水，再犯，開除，沒有第二句話。服務生與清潔人員，同屬職工，但服務生在前檯待命，清潔人員躲在服務檯後面的小房間，沒有叫你不要出來。他說渴了，想喝點熱水，都要探頭看領班在不在，再溜出去按飲水機，偷偷摸摸的，彷彿見不得人。

之所以待著，單純就是外頭找不到這樣薪水高的工作，「底薪一千一，還有服務費可以分，第一個月記得服務費就拿到一千八，加起來兩千九。我爸爸去砍柴，從早砍到晚也不過

1 《聯合報》，〈舞「寒食」遙際公公〉，一九八一年十二月一日，版八。

・位於十二樓的總統套房「圓山行館」。

四十五塊。第一次拿錢回家，我爸爸說：「猴囝仔這麼會賺錢，你拿得比我還多，你不要在外面亂來喔。」外面找不到這麼好的工作，只好向內發展，想轉職服務生，「那時候美軍顧問團在中山北路這一帶，圓山外國人很多。在這個環境裡，服務生穿白色衣服，英文講得比國語還流利，好得都可以做外交官，所以我決心去補英文，補習班是臺北『希爾頓』旁邊的『美加補習班』，一進去，櫃檯小姐說先繳一個月學費，兩百五或者兩百八，我現在記不得了，但我說直接繳半年，年輕的時候傻傻的，也不知道問繳半年有沒有打折，可真的就是一整個雄心壯志，想把英文學好。我們工作的時候，服務生和清潔人員是分開的，他們鋪床，我們洗馬桶浴室，我手腳快，份內事做好了，就幫他們鋪床，餘下的時間就跟他們練習英文。口袋放的不是錢，也沒錢可以放，放的都是單字卡。在這個環境裡，認識的單字多了，就試著跟老外講講話，聽力和口語能力有一點進步了，就去考服務生。」

林寅宗口中的內部徵選這件事是這樣的：每樓層推薦一名清潔人員去考，主大樓、金龍廳、翠鳳廳、麒麟廳，加起來有十三個樓層，十三人中選兩名。考試當天，被總領班叫進房間，總領班拿著一本英文版本的飯店人員從業手冊，隨便翻到哪一頁，指著上頭的文字，要應試者朗誦出來，並且翻譯。這是第一關，十三名選六個，隔週，再去戴裏理那邊考試，「第二關還是口試，考英文。我永遠記得他用國語問你臺北市怎麼講？我說Taipei City，錯，他說Down Town，他又問一遍臺北市怎麼講？我說Down Town，他又說錯，是Taipei City，然後就要你出去，我一頭霧水，想說你這不是在玩我嗎？但也只是深深一鞠躬，說『謝謝襄理指教』，然後就退下了。心想無望了，放榜了，結果我錄取了，那心情一整個爽啊，我到後來想明白，他們要測試的，是你的服從性，而不是英語。」

考上服務生，薪水從一千八調整兩千六，以往路上碰到遠方親戚，對方問起近況，說自己在圓山工作，雖然很風光，但在飯店清馬桶這件事還是難以啟齒，可考上服務生，好像人生做出一點成績了，「我記得有一次從淡水搭公車進市區，遇到國小同學，他問我去哪裡，我說去圓山上班，他說你在蔣家工作，那一個月豈不是七八萬？大家對圓山是一種仰慕，薪水都自動自己加一個零？都以為我們是有關係才進來。我們都很有卓越感，那個招牌有多亮麗。我自己的感受是我的叔叔聽到我在圓山工作，稱讚我說『這個山頂小孩不簡單』，就把我們抬得很高。」

從清潔人員到服務生，找時間念了補校，結婚生子，山上的孩子志得意滿，覺得人生已經在頂巔了，未料民國八十四年一場大火，再度燒毀安穩的生活。民國八十四年六月二十七日，圓山飯店屋頂琉璃瓦的修建工程釀成火災，十樓到十二樓付之一炬，進入長達三年的復原期，他把同事組織起來，成立復建小組，「那一段時間每天工作十幾個小時，來這裡也沒加班費，有一天醒來，發現頭和肩膀都不能動了，以為中風，到醫院檢查才知道是太累了，免疫系統出了問題。我也不曉得我這樣做對不對，但就是單純想回饋公司。」紅房子大火，有人趁機離職，走了一批人，等於權力架構重整，重新開始，權力架構改變了，他被拔擢成總領班，所有外國元首政要入住紅房子，都是他出馬款待，山上的孩子，等於爬上更高的山。

「池漢乾走了，換嚴長壽當總經理，他請英國皇家協會的老師來教房務部門的同事管家服務，給他吃給他住，一個月七十萬。英國老師講課完，我們要實地演練一遍給他們看，老師看了很訝異，說你們都會啊，根本不用學啊。那時候王督導、孔令侃來，他們的飲食起居，我們都特別處理，入住之前，都會提前走一遍，看有沒有乾淨，特別需要加強，周遭環境有沒有奇奇怪怪的陌生人，其實已經有一套流程，我們也要等到英國皇家老師來講授，才知道我們款待貴賓那套應對進退的ＳＯＰ叫做『管家服務』，等於為自己找到一張身分證。

「圓山飯店總統套房有幾個階段，第一代，『１４２６』，艾森豪套房，他在任來臺灣，他住的房間就是總統套房。那一間住過七個元首。那時候沒有像樣的總統套房，後來房間不夠，蓋『翠鳳廳』，『麒麟廳』。以艾森豪為主，那是第一代，那間也有四十多坪，裡頭有跟他夫人的照片，他的孫女之後有來巡禮。後來擴建『麒麟廳』，才有了第二代總統套房，屋頂燒掉以前，只有擁有總統等元首級頭銜的人能入住總統套房。」

貴客臨門，如何接待賓客下車、要走幾步、要送誰花，管家什麼時候要從賓客手上接過花，以便賓客與其他人握手、拿花的管家又要如何幫總統按電梯，凡此種種，規行矩步，進退有節，要做出排場，又要符合國際禮儀。紅房子第一大管家隨身帶著指北針和溫度計，遇見伊斯蘭教外賓要朝西方朝拜，就能馬上指出方向。溫度計是測量洗澡水的溫度，通常在三十四度是最舒服的。所謂服務，就是將心比心，總統的貴賓在陽明山參加大會，他往山頭望去，烏雲密布，打電話過去確認，果然下大雨了，冬天的雨又濕又冷，他吩咐廚房趕緊準備薑湯，房間燒好熱水，賓客一回飯店，見浴室有一缸熱水，桌上有薑湯，都溫暖起來了。

職場最有驚無險的突發狀況，現在都可以當作笑話來講了。中南美洲總統在台上致詞，隨扈偷吃了龍蝦。要出菜了怎麼辦？只得一個人在前端好整以暇地把水果籃的水果一種一種地介紹，一道菜一道菜慢慢上，一方在廚房，從冷凍庫撈出備用的蝦子，放滾燙的熱水燙熟，ＯＫ，上菜了，臉上帶著微笑，誰也看不出來剛剛的狼狽。又或者是某個日本貴婦來臺炒地皮，遭黑道追殺，長年住「國賓飯店」的貴婦，因為要躲避仇家，只得化名住進圓山。一日，貴婦在門口拿一個報紙打包的包裹，要他拿上樓放好，過幾日，又要他拿出報紙裡的東西，他一打開，一疊一疊的千元大鈔，目測也有一千萬，原來是要測試他的忠誠度來著。

李光耀、巴拿馬總統、吉里巴斯伉儷、薩爾瓦多總統、尼加拉瓜總統、雷根、陳雲林、裴勇俊……林寅宗攤開相本，展示一張張他跟各國元首政商名流的合照，排名不分先後，左右忠奸。林寅宗是圓山飯店客房部協理，管家班的大首領，但凡達官顯貴入住一晚四十八萬的總統套房，皆由他迎賓款待。當然了，那些照片不可能是他主動要求合照，沒有哪個管家會這樣沒禮貌的，照片都是賓客們入住了，覺得賓至如歸了，退房前搭著他的肩膀拍照留念，之後再由隨扈們寄給他的，他在照片背後寫著日期，一張又一張的照片、一本又一本的相本，加總起來就是他在圓山飯店後半場的回憶。

從馬桶到總統，林寅宗的人生聽起來，無疑是一個勵志故事。

人物故事

蔡新民／42歲
客務部經理

大象跨出的每一步

我是民國九十六年五月進圓山，契機是有一位朋友在圓山工作，推薦我進來試看看做房務。因為不用太面對客人，可以從基層做起，按部就班，我想要學，就從房務員做起，一做就到現在。

我雖然是臺北人，對圓山有點熟悉，但更多陌生，它大名鼎鼎，但我從來沒來過，也不會想要來，它給人一種黨國色彩，不是太親民。我記得第一次來圓山面試，我騎摩托車上山，還迷路，你看它連上山的路都很不親民！它給人既定印象就是很神祕、很官僚。但進來了，跟同事互動久了，就覺得它只是再尋常不過的公司行號。也許它也急於打破那些刻板印象吧，所以才有我們這些中生代接班的機會。

圓山的入門薪資不高，兩萬四到兩萬六，你來要有破釜沉舟的決心。那時候和我同輩的，很早就離開了，因為他們覺得老一輩佔據了所有的位置，妨礙了升遷的管道，他們在這邊經過幾年的歷練，就會去外面尋求發展。我個人可能是個性比較保守，比較習慣按部就班的工作環境，所以可以在這邊待這麼久。

我做房務人員的第一年，是人生中作息最充實，最規律的一年。每天早上八點上班，吸塵打掃洗馬桶，心無旁騖，回家四點多，好累好累，洗好澡看電視吃完晚餐，大概九點就想睡覺了。那是一個磨練心志的過程，如果你有真心投入，真是勞其筋骨，苦其心志。後來下班會去學英文、學日文，設法充實自己，爭取晉升。

房務工作最簡單的說明就是每天把客房打掃乾淨，讓下一組客人使用。還有公共空間的清潔維護，日復一日。一開始也會動搖，我每天把房間打掃乾乾淨淨，難道就是為了讓客人把它弄亂？熱忱被磨耗掉了，但我會設定小小的工作目標，自我挑戰，從中得到成就感，例如跟同事的互動、建立有效率的工作流程。後來，我晉升初階領班，要督導別人的工作成果，同事有成長、有提升，我也會覺得有成就感。

以往一層樓一個領班，四個服務生，搭配七到八個房務員。現在大概是一層樓一個領班配五個房務員，一個房間標準作業時間是三十分鐘，但比較凌亂的房間也會花到四十分鐘清理。

圓山是臺灣第一家五星級飯店，老圓山人有自己的驕傲和榮耀，但他們忽視了外在的挑戰。像我剛來做房務時，那時候沒有ＷＩＦＩ，上網需要買網卡，一張網卡三小時三百塊，五百塊二十四小時。客人常常會跟我反映網卡的問題，網卡很貴，網速又很慢，穩定度又很差。外面的飯店都不用錢了。我們常常會在部門會議提出建議，要開放網路，可是上面給我們的回覆是其他飯店都有收，要我們不要自作主張，不要踏出這一步，到最後是臺北所有飯店都有免費網路，我們才提升開放。圓山像大象，每一個進步都很慢，跨出每一步都很不容易。

但這些資深前輩們也在做改變，他們知道過去的優勢不再了，不像以前那樣分工很細，當然那些老派價值也很值得學習，像我們是第一家飯店有管家服務的，這些老領班們都很細膩和敏感。有一次我跟一個前輩接待一組外交團，他們晚上上陽明山，前輩聽說山上下雨了，馬上轉頭跟我說，要我去放熱水，然後要餐飲部準備薑湯，幾乎是某種反射的動作。

人物故事

欒復春／60歲
前安全衛生部門
協理

紅房子裡的國安特勤

我是欒復春，欒是山東青島那邊的姓氏，復是輩份。我是農曆正月初五生的，所以父親就給了我這個名字，我屬虎。今年六十歲了，苗栗眷村長大，高中畢業投考軍校，畢業後抽到金馬獎到金門服役，被分配到金防部司令管轄的庶務組，在金門待了一年半。當時金防部司令是宋心濂，因宋心濂後來升為國安局局長兼聯指部指揮官，我們就跟著長官調到國安局，被分配到聯合指揮部（聯指部，民國八十三年法制化後改稱特勤中心，搬到忠烈祠附近），於七海官邸服務，當時經國先生已經不在了，國安人員主要護衛蔣方良女士等眷屬和嚴家淦卸任總統的家屬等等。

聯指部本部在士林官邸，七海官邸跟士林官邸、衡山指揮所之間有密道（一一〇通道）可以連通，密道非常寬敞，可以開坦克車通過，以因應國家元首、參謀總長緊急危難之用。外界以為士林官邸跟圓山也有密道連通，但其實沒有。衡山指揮所整個區域是防空要塞，山上有高炮陣地，衛星空照是看不見的，隱蔽性非常好，離松山機場也近，便於緊急撤退。

我在聯指部待了十六年，我算提前退伍，要是軍職上校退伍，要服役滿二十八年。但我二十二年就退伍了，為什麼？因為二〇〇四年三一九槍擊案事件。

那時候我負責整個大選維安。當天跟著去臺南，陳總統在金華路造勢，車隊綿延了一百多公尺，兩邊都是鞭炮聲，真正槍響發生，總統被送到「奇美醫院」，我們在後面還搞不清楚狀況，回來還被檢討，受行政處分，當時的國安局局長還因此下台。

我們事前的規劃非常縝密、嚴謹，但還是出事情，能突破層層關卡一定是對國安內部運作很熟悉的人，或是有專業人士指導。雖不排除有內鬼的可能，國安局裡頭分為軍職、警職和文職，也會有派系的分野，單位人事一旦出缺，也會產生三方角力，何況是這麼大的事件？我們寧願相信我們組成的團隊很忠貞。三一九槍擊案追到一半，發現很多事情不能再追下去，會有懷疑，但不能講，因為牽扯到的層面太廣。當天到「奇美醫院」，全部不讓國安人員進去，很多訊息是透過媒體才知道，裡面只有政黨核心的人才進得去，後來看陳總統摀著肚子好像沒事，中間怎麼樣，國安人員真的完全無法知道。職業軍人沒有藍、綠之分，以國家主義、領袖、責任、榮譽為優先。這個事件對我內心產生很大衝擊，覺得愧疚沒有盡到職責，也對職位沒有戀棧。於是在九十四年六月三十號報退，剛好槍擊一週年。

我退下來先到「老爺酒店」服務，那是一個機緣，那時「晶華酒店」安全部協理，姓古，我們叫他古伯伯，他是中山分局刑事組組長退下來的，當時他快八十歲，腦筋還很清楚，是當時飯店業界安全部門的龍頭，他推薦我進入老爺集團，服務了五年多。

那時候聯指部的工作為我遺留了些職業病，比如開車上高速公路，會很習慣地走路肩超車，到我退伍還是一樣。但那份工作經驗也留下許多優勢，因國安特勤人員與警方、調查局來往密切，這些都是我在飯店從事維安工作重要的人脈。大飯店安全人員多是國安特勤或警政系統退下來的，飯店優先歡迎國安特勤，因為工作性質最為接近，第二歡迎的就是各分局偵查隊退休人員。軍方是學長、學弟制，所以消息流通很方便，警方資源是靠人脈，以前受訓入伍時有和警校人員一起，所以彼此都認識，即使相隔幾十年在職場上需要的話也都會互相幫助。

最早在蔣夫人、孔二的時代，圓山不對外開放，只有國宴時邀請外交使節進來，聯指部有派長駐聯絡官（中校）駐守圓山飯店，可以即時回報狀況，和官邸的聯繫十分密切。飯店開放給一般民眾後，安全部管理人員屬於老軍方，但不是七海國安體系，曾有過情報局、陸戰隊等單位退下來的軍人負責管理。

我到圓山，是一〇三年。當初安全部為了提升位階，將「勞工安全」這一塊也一起整併至安全部門，合稱「安全衛生部門」，我們主要管理圓山大飯店各處，但不包含聯誼會。安全衛生部門大概有十八位員工，而外聘的站哨保全則有十四位，安全人員是三班制，二十四小時都有人，保全則是早班跟晚班。主管則是責任制，我大概每天七點多到辦公室，晚上七點才下班。安全部在地下室有個中控室，就是原來理髮廳位置，放置二十幾台主機，有一面巨大電視牆，共三百四十三個監控鏡頭，是全臺北飯店業界中最多，直接連線，隨時更新，畫質非常清晰，監視畫面遍布飯店各處，除了各出入口、走廊、各廳院，廚房裡面也能清晰拍攝。圓山注重這一塊，特別花錢用心打造。

作為安全部門，除了對飯店周圍地形、地物、出入口非常熟悉，對於飯店內部更是要求，每天巡邏走動，對於飯店最快的撤離路線都做好規劃。因為飯店非常大，無法單獨靠安全部管控，而是劃分不同責任區，歸屬不同部門，若第一線有狀況再通報安全部，像是同仁發現可疑物品沒辦法處理時，就會通報安全部協助。

我剛入圓山時正好是兩岸最熱絡的時候，陳雲林啊，每一省書記輪流來圓山，他們的書記來臺灣也會帶副書記、省長、副省長、各局處的首長，一次來就是一百多個人大陣仗，包下至少兩個樓層。他們也會派先遣部隊，如廣東省警衛局局長先來和我們做對接，他們不會帶那麼多隨扈，而是直接聘請臺灣當地的保鑣公司做外圍維安，只剩貼身人員用自己人。

圓山安全部的主要工作是給對方房間平面圖、規劃逃生動線，以及提供情資，了解可能的抗爭團體，如法輪功、台聯黨等等，我之前熟識的分局人脈這時候就可以派上用場。另外警政署的外事組也會出動，大家一起共享資源。大陸書記來的時間約一週，其中還有幾天要下中南部，所以時間很短，我們國內企業家會排表輪流求見，早餐、中餐、晚餐、宵夜各有安排，政治界輩分高的可以做東請書記吃飯，其他像友達、裕隆、遠東等企業團體只能見面，連吃飯都排不上。

當年陳雲林來圓山時有封山，當時臺北市警察局局長入駐圓山坐鎮，調動四個分局的警力，圓山安全部同仁負責在各出入口辨識進出的人是不是圓山員工，那時完全不接待新進客人，住宿客則只出不進，整個地下室都是警察，全部睡在地毯上。

像今天總統跟行政院長不是有來？我們剛剛就在地下室忙。通常總統來訪，安全部要先跟總統警衛室做對接，他們會派先遣小組來飯店，先行確認總統參加該活動的儀節、會場出入口如何部署、若碰到狀況如何緊急脫離等等。緊急脫離會有Ａ、Ｂ兩方案預備路線，車隊也有Ａ、Ｂ車隊，Ａ車隊在正門、Ｂ車隊為預備空車，等待在圓山後面。針對院長級以上重要官員的餐點，會由「反謀害小組」先做檢查，提前到餐廳廚房去測試食材、試吃。國宴時做得更嚴謹，這些都屬於國安的一環。一般客人的食安則是由餐飲部門營養師專門管理，但安全衛生部的勞安室每個月還是會前去督導。除非是總統、副總統來，否則一般飯店沒有金屬探測器。國安人員會用小細節來認是不是自己人，比如看衣領標記，沒有制式標記的話會注意身上有沒有戒指（可能是武器），或包包有沒有隱藏的洞（可能是槍口）。飯店維安一般很單純，除非有政治動機，國民黨時代，台聯、臺獨聯盟、建國黨幾乎每一場國民黨宴客都來；現在則是只要小英總統來圓山，有位陳國榮也都會跟來，他也沒有要騷擾，就是想要露個臉。我對同事的體能會有基本要求，希望他們能多鍛鍊，如爬山等等。剛來會很辛苦啦，因為底下同仁皆非軍職出身，一開始他們會反抗，但六年訓練之下，現在大家執行任務起來都很順暢。

第十五章

總統的總鋪師

入夜之後，雙城街有吧女和大兵摟抱招搖過市，條通裡那卡西的歌聲如泣如訴：「初戀見面雙人相意愛，暗中約束散步驚人知，中山北路行七擺，父母知影煞無來。」七〇年代中山北路的繁華吾人雖未能恭逢其盛，但猶能在朱天心《擊壤歌》想像當年風光：「十八歲我們愛走中山北路。雖然人們說那是一條洋奴街，街上則是走國際路線的人們。但是我們還是走，每一塊紅磚裡都有我們的誓言和夢想。秋天的時候，我們立在街道上仰臉等楓紅。冬天，我們縮著頸子拾地上的落葉。春天夏天，我們則又走在綠葉的風裡蔭裡，快樂得想哭。年輕是和朋友們快樂的一起哭在一個藍天下。」

作家和她的死黨們在晴朗的天氣裡翹課，先去士林大吃一場，然後再走長長的中山北路回臺北。少女情懷樂於把黃昏的圓山動物園幻想成伊甸園、把大同工學院外的楓林道想成巴黎香榭大道，作家說，她最喜歡正午的圓山，沿著人行道旁曲折的石階通到山上的房子，一群小女生站在半山腰，倚著小石牆向下看，是蔚藍的天空和墨綠的九重葛，幻想身後的花崗岩石牆是中世紀古堡，自己是井邊刺繡的公主，「我們曾經發過萬千個誓，要到裡頭待一輩子。」

楊月琴沒讀過朱天心，但十八歲的她一樣覺得中山北路兩旁都是綠樹，好寬闊、好漂亮，要是以後可以在這一帶工作不知道有多好。楊月琴十八歲那一年是一九七三年，民國六十二年，那一年，林懷民創「雲門」，在臺中中興堂初登場；那一年，播映時間長達三年，轟動武林、驚動萬教的《雲州大儒俠》不敵方言政策，於三月播出最後一集，史艷文至靈空寺落髮出家。該年，沙烏地阿拉伯、伊朗等石油輸出國組織（ＯＰＥＣ）為了打擊對手以色列以及支持以色列的國家，宣布石油禁運。原本一桶不到三美元的原油價格漲到接近十二美元，國際石油危機乍看與太平洋上的小島並無關連，可原物料上漲，小吃攤魷魚羹每碗由五元漲成七元，蚵仔麵線每碗由五元漲成八元，風起雲湧的國際情勢也對島民日常生活產生了惘惘的威脅。

「那一年（一九七三年）我高中畢業，碰上石油危機，工作難找吶，看報紙找工作，看到圓山飯店徵人，我只是碰碰運氣，不抱任何希望，因為進圓山都要靠介紹，沒想到卻順利面試上了。」楊月琴少女時期憧憬在中山北路工作，未料真的應徵上了中山北路四段的圓山飯店。從餐廳服務生做起，二〇二〇年，她從餐飲部協理位置榮退，一家公司一待就是一輩子。她坐在我們面前，一襲粉紅套裝和愛馬仕包包，大馬金刀的架勢，那打扮、那氣勢，若拍張照片擺放商業雜誌，標題便是「某某董座暢談來年布局」什麼的，而她現在做的事也相去不遠了，退休旋即被董事長林育生聘為餐飲顧問，每週固定來一天，協助大廚開發新菜色，設計菜單，提點新方向。

回頭看過去，簡直是勵志故事了：家在萬華菜市場旁，父親早喪，母親靠一間小小雜貨店養大姊姊和她。面試成功，大概成長環境不是菜市場就是雜貨店，養成個性活潑外向，一張嘴能言善道。她說當年十月進圓山，上班第一件事是學會廣東話和英文。

「新大樓是民國六十二年雙十節開幕，我進來第一個工作是新大樓地下室的『萬年廳』，『萬年廳』是廣東餐廳，我們要學會用廣東話講咕咾肉、橙汁排骨。上班第一天，領班拿一張酒單給我，A4紙大小，上面英文寫著Bloody Mary、Screwdriver，鄉下小孩沒學過什麼英文，不知道那是什麼，也不知從何問起，最開始幫歐美客點酒時看不懂，只好都先記編碼，拿了酒單，到吧台點酒，邊看調酒師調酒，邊筆記下來每種酒怎麼製作，材料有哪些。」

並非科班出身（當年也沒多少餐飲學校），也沒有前人經驗的傳承，一切只能靠眼睛去看、去學，「當時很講究禮儀，遞完酒單要離客人三個座位遠，眼睛也不能直視客人，只能用側面眼角餘光等待。點完餐前酒就上餐單，客人點的不外乎是咕咾肉、炒蛋、青椒牛、炸雞塊、玉米湯等，他們不愛帶骨的菜餚。來的客群有三個面向，中午是旅行社帶來的客人、晚上是外交部帶來的賓客，還有搭郵輪的老外。」楊月琴說當差時候梳包頭、擦淡色口紅，身著鳳仙裝和西門町小花園繡花鞋，老外在大廟一樣的餐廳見著了服務生彷彿宮娥一樣的裝束，覺得有異國情調，就拉著她在餐廳門口拍照。

兩年後，楊月琴身上的鳳仙裝換成旗袍，那是領班的服飾——她做事勤快，反應靈敏，升遷快速，再十四個月，晉升副領班，下一個進階就是領班，但她在圓山跨出下一步，更上一層樓，卻是二十年以後的事了，「那時候進圓山飯店都要有人介紹，他們都是坐辦公室，不是做服務基層。好工作，歹勢，都沒有我們的份，因為我是本省人，都是他們口中的小臺灣。」楊月琴說起往事水波不興，未見情緒起伏：「有些人對這份工作覺得可有可無，但我需要養活自己和媽媽，需要這份工作。最初進來，底薪加服務費共兩千六百元。那其實是一筆很大的收入。」

卡在副領班不上不下二十年，她結婚，生子。生第一胎，飯店准予留職停薪，生第二胎，產後回圓山，發現被調到「咖啡閣」，賣咖啡賣三明治。這哪裡有中餐廳那樣充滿挑戰性？她覺得委屈了，跟主管反應要調單位，主管說做餐飲業，懂中餐、也要懂西餐，不管在哪裡，都要結識自己的人脈，這是基本功。她聽進去了，「『咖啡閣』待一年，我又被調到『松鶴廳』，我像是爬樓梯，一階一階地爬，我沒有直升機可以搭。我要比別人加倍努力。」

小領班在圓山各大餐廳流轉，「萬年廳」、「咖啡閣」、「松鶴廳」，一九八八年，她又被調派「宴會廳」，這一年，她三十四歲，雖然依舊原職原薪，但面對的舞台已截然不同，「所謂『宴會廳』只是一個辦公室，只有九個人，其實就是承攬外燴的單位，茶會、婚宴、會議等等大小型宴會……包山包海，完全的客製化。哪裡有需要，我們就去。它很靈活，餐廳是一個場合一本菜單就可以，但『宴會廳』包山包海，它接訂單，負責現場執行。」外燴，當然也包含國宴，意味著全飯店的人力都為她所調度，「做『宴會廳』是很大的轉變，因為我權力不輸餐飲部的主管，所有的人都抓在我手上。廚子、服務生、洗碗工都在我手上。」

是的，「宴會廳」就是所謂的廳王。「宴會廳」的主管就是主管之中的主管。

一九九五年，圓山飯店大火，走了一批老臣，她被扶正，成了領班，有權有責。除了身邊一個助理負責文書，手下的人馬都是男生，「帶一堆男生，要像男人婆。在這個位置若沒有大姐大的氣勢，很容易被壓下去。第一步，我用時間陪你們，有時候場地布置到兩三點，我就陪你們到兩三點，若沒事，宴會有剩菜，陪他們聊天喝酒。手下沒有兵，自己也下去做兩桌。後來人手實在不夠，想到客房部阿姨，四點下班就去飯廳等吃飯，閒閒沒事，乾脆找她們來幫忙，一次五百塊。而且我給她們一個甜頭，就是我讓她們打包剩菜。這些太太知道在超級市場買菜很貴，很高興，這一批人就是我們的生力軍。帶廚子也是這樣。用讀書人那一套跟他們溝通，講話文謅謅的，他做不出來，你可以給他一個方向，例如上週試菜，我說最近沒看過猴頭菇臭豆腐，我們試看看好不好。師傅有師傅的氣口（khuì-kháu，口氣），你不能用強，你要用他聽得進去的話，要讓他知道你跟他站同一線，要了解他們的屈勢（khut-sè，氣勢），要一步一步講，他們是拿菜刀嚼檳榔的，你要講好聽話，不然我查某欸，帶不動。這是卡早當小領班一路訓練上來。」

菜市場的女兒講的是江湖口氣，但操持的是廟堂宴會，從李登輝到陳水扁、由馬英九到蔡英文。

外國總統蒞臨時，正式國際禮儀第一餐是由外交部部長請接風宴，第二餐才是正式總統國宴，第三、四、五天對方會有答謝宴，答謝宴之後會簽署聯合公報、舉辦離華記者會。她說正式國宴的程序往往是這樣，一場國宴兩個場子同時進行，是總統、副總統接見對方元首和貴賓，是比較重要的場合，派去的工作人員要顏值高，如四大公子、十二金釵等等。另一邊外交部辦的「酒會」，接待使節團人一百多人，大家一起喝香檳交流。最後酒會的人也要去晉見總統、對方元首，一一握手，最後大家再一起進到國宴會場，總統、副總統、對方元首、副元首最後進去，邊進場邊奏〈崇戎樂〉，大家坐定後，先唱對方的國歌，接著開始用餐。用餐結束後，總統致詞，對方再致謝詞，這時會倒香檳乾杯，一邊吃點心水果，最後唱中華民國國歌，雙方元首跟樂團指揮握手，整場國宴才算圓滿結束。

宴席價格都是明碼實價，國宴元首級一客二千四百元，若擺在午餐則一客二千二百元，部長級的二千元，院長級一千八百元，擺在午餐則一千六百元。最開始一個服務生可以端四盤，後來馬英九改成一位端兩盤，上菜時左邊上菜、右邊撤菜，飲料則從右邊上。吃國宴就是吃一股氣勢，大堆頭的服務生，列隊全部同時上菜，看起來就很盛大。

國宴除了在圓山中山樓、在世貿展館，偶爾也進去總統府辦外燴，「總統府沒有廚房，只能在電梯口廁所門口的走廊做菜，沒有水，我們都要自己帶。我要用冰箱，我要跟事務科打交道；要叫貨車，幾部升降貨車，幾部坐人的交通車，要跟交通科打交道。開標要計價，要跟財務科交際。最重要是交際科，因為是他們來訂的。除了跟同事盤撋（puânn-nuá，交往），也跟官方盤撋，要爬到這個位置，官方人脈更重要。」

突發狀況也不是沒有遇過，「陳水扁國宴第一次在圓山，第二次在世貿展覽館。世貿A館沒有廚房，要搭棚子，很不方便。那時候發生一個狀況，有一個交際科科員說：『大姐大姐，我們有國宴的酒可以寄放在圓山，你們來的時候順便帶過來好嗎？』我說：『不對欸，你送去世貿比較妥當。那邊安全人員滿場飛，還有監視器。要不我在中途打破，你把我剝皮也無法賠。』那時候桌上要放菜譜，大大一張，比A4紙還大，那個科員很寶，順手就把菜單跟酒裝在一塊，也沒貼條子，就跟其他的酒箱放在一塊。當晚，我就站在總統那桌旁邊，就在吳淑珍的背後。螢幕上播放阿扁四年政績，我發現桌上居然都沒放菜單，打手機問科員，菜單在哪裡，他說就放酒箱啊，但他也沒貼條子，等於是大海撈針。我立刻打電話給我們的同仁，當時是一個宴會廳的副理，要他把所有的酒箱子打開，找菜譜，我說手機不關，就等他。好，找到了。我立刻聯絡科員，他問：『大姐怎麼辦，A害欸。』他問要怎麼把菜譜發給與會的來賓，我問他禮賓人員有多少？他說加銘傳的禮賓人員，一共五十個。我說：『你現在把這些金釵組織起來，本來出菜口有兩個，把菜譜分一分，要她們分兩邊站，等賓客進場了，依序發給他們。』危機就是轉機，那個安排反倒像是一個特別的橋段。賓客們都印象深刻。」

江湖地位是操辦一場又一場國宴累積上去的，當年，國史館要做中華民國國宴史，總統府職員說：「去圓山找大姐，大姐什麼都知道。」歷史在史冊，也在餐桌上，「老蔣時代我沒有經歷過。七海官邸我去六次，他那時候身體不好了。他家管家有個阿寶姐，我們去都是她接洽，她年紀很大了，但身體很好。她很惜食，奶油沒用完，她用刀切一切然後冰起來。他家很簡樸，我完全沒辦法想像那是總統的家，餐廳就傳統四十瓦的白色日光燈管。客廳，兩張桌子，一個圓桌一個長桌，圓桌鋪得就是很一般塑膠布，簡單的沙發，就跟尋常百姓人家沒兩樣。第一次去，我想難怪阿國仔（蔣經國）被臺灣人欽佩，他比老百姓更為勤儉，也許他是為他老爸贖罪。開始做宴會的時候，我每個月固定會去李登輝家，他每個月第四個禮拜做家庭禮拜，去到後來跟他的管家很熟，總統府的對口是蘇志誠，不熟，但官邸是李武男，很熟。我只要安排進去的人，他看到名單，不認識的人會用臺語問：『琴欽，這個名字我沒看過欸。』我說我帶進去的人，你放心。後來，我跟聯指部這一票人會熟起來也是這樣。李登輝喜歡吃我們的蘋果派，許多人送他很貴的日本蘋果。李武男就會打電話說：『琴欽，人送頭家很大的官果（kuann-kó，蘋果），妳處理一下。』他們會送來圓山，我們就幫他們做，算麵粉、牛奶工本費。但老實說他們的蘋果太好，不適合做蘋果派。蘋果派的蘋果要酸酸的，但我們不能這樣跟他講啦，都拿飯店的蘋果幫他們做。

「阿輝伯當總統那時候，經濟起飛，股市萬點。當然他好運，阿國仔十大建設真打拚，他來收割。一個播種一個收成，那時候環保意識還不強，請客請龍蝦、鮑魚、魚翅。他吃得很澎湃，龍蝦一客都是半隻，五、六百克，吃起來才會Q。那時還提供甜酒跟雪茄，服務生們要幫忙剪雪茄。阿輝伯宴會一開始是喝陳高，再來是二十一年皇家禮炮，輪到紅酒，那是最後一波了。往往是國宴喝什麼，外面就開始流行。陳水扁是local小吃，他是臺南人，國宴他要臺南小吃入菜。臺南虱目魚湯，我們買虱目魚來打漿。但碗粿要用豬油爆香，但很多邦交國是回教國家，要改良。五二〇國宴，剛好竹筍大出，我們用綠竹筍，再放地瓜葉，取名『一心二葉』。甜點是紅豆鬆糕，這是我們圓山最夯的，但既然要代表族群融合，就用芋頭、地瓜當內餡，芋仔蕃薯南北一家親。這些菜單都是我一手策劃，再跟總統府那邊討論，試菜一共試了三次。馬英九國宴菜色中規中矩，但要求環保，節能減碳，食材要在地化，產地不能遠，要降低食物運送里程數。小英則更在乎食物履歷、小農契作。」

餐桌上菜色的變化就是改朝換代，大姐說：「圓山做這個是獨門生意，其實也是算成本價，人力物力都超過，我們做這個都是榮譽感。每次做國宴壓力都很大，半夜想到漏掉什麼，會起床在我皮包貼小紙條，精神一直緊繃，要等到宴會整個結束，隔天中午沒接到總統府電話才算圓滿落幕，心才會放下來，但好在那幾年做下來，都沒接過總統府的檢討電話，也因壓力、三餐不定時，落下胃潰瘍的毛病，我們在國宴中吃便當食不知味，甚至沒吃，但做這麼多事都是為了那份榮譽感。現在公家機關的宴會超過十萬塊要公開招標。辦馬英九國宴那一次，李建榮董事長問我有沒有信心拿到就職國宴，我說：『不敢說有信心，但我希望拿到，這是榮譽感。』他說好，那我們分兩路。總統府就他去努力，因為是同色的（國民黨），後來圓山得標。因為我們畢竟比較有經驗，不管維安跟環境，但這樣的經驗很難傳承，少年欸沒有在學這個。做餐廳這麼久了，服務就是人與人的關係，那是一種感受。同樣一句話從別人嘴裡說出來，不同的口氣、不同的心態，給別人感受不一樣。像我上週在飯店試菜，飯店的小朋友負責說菜，我們只有一桌喔，他掛著麥克風講，遠著距離，沒溫度。我用臺語跟他講：『底迪，我跟你講，現在國旅都是阿公阿嬤，雙聲帶比較親切，你可以站近一點，手可以比一下，比較親切，人家會覺得你是內行的。』」

國宴大姐風光背後還是有委屈，她說做餐廳的，奧客很多啊，不可能不委屈的，回家也會碎碎唸。但她是不可能在人前掉淚的，因為那是弱者的表現，「我是急性子的人，急性子不代表強勢，強勢是慢慢的，我要站穩我的位子，尤其是女人當家，尤其在這個重男輕女的環境，沒那麼容易。那是歷練出來的，你就會訓練出自己的本格。大家就知道妳很兇，但我

罵你，我會講理由給你聽，要有理由可以說服他。不然我怎麼帶三百多人，飯店最大的一群欸。但有得有失啦，事業家庭不可能兼顧，我對小孩很虧欠啦，他們成長都是跟阿嬤，但我很慶幸他們都很乖。」

從菜市場到廟堂，再從廟堂回歸家庭：「退休那天很風光。前一兩天，是部門同事請我吃飯。當天是董事長請我在『國宴廳』吃飯，我們過去是六十歲要退休，但阿扁時勞保沒錢，延到六十五歲，我覺得我這個退休很值得，面子裡子都拿到了。尤其現在還當顧問，我在家也閒閒。像是我今天十點就來，開完會就在飯店晃啊晃的，我也沒覺得真正退休。董事長真正很會做人，他幫我們把事情想得很周到。你要轉換心情，舞台這麼大，一下子沒有，當然會很失落，但你要慢慢調整。像是我現在一個禮拜會做三次SPA。一次SPA要三個小時。朋友不多，但還是有。人家不嫌棄還願意用你，這是你的生命價值。」

人物故事

許耀光／55歲
金龍廳主廚

在廚房下棋的人

我是香港人，一九六七年出生。家裡都是做餐廳，我老爸一九六幾年就開了海鮮餐廳，叫做「瑞榮」跟「瑞華」，一九七幾年，他也來臺灣開過餐廳，叫做「安樂園」跟「豪悅」。香港很多大排檔，我很喜歡站在路邊看他們炒菜，覺得那些師傅的樣子很ＭＡＮ、很有型，十一歲的時候就去爸爸的餐廳當馬爺，就是外場服務人員，做了大概一年左右，也會跑去廚房，要師傅讓我練習炒菜，學抛鍋，因為餐廳是我爸爸的嘛，出入廚房簡直是小霸王一個。十五、十六歲就去火鍋店工作，算正式入行。學了兩年後就來臺灣。

那時候來臺灣講好聽一點是學獨立，講不好聽就是叛逆期闖禍了，家人把我送過來。老爸最後給我兩條路選，一個是澳洲，一個是臺灣。澳洲是最大的哥哥在那邊，他年紀跟我差很多，看到他跟看到爸爸一樣，而且搭飛機要十二小時，很久。臺灣有另外一個哥哥許文光在那，他是蔡辰洋的私廚，我呷伊夠夠，況且臺灣香港搭飛機又這麼近嘛。

我來臺灣的時候，雖然已經解嚴了，但電視只有三台，民風還很淳樸，每個人都很熱情。講個笑話好了，因為怕我逃跑，那時候是我爸押著我來的。在桃園機場下飛機，我看到綠油油的原野，心裡想：「慘啦，這邊好鄉下，好像十幾年前的沙田。」出了機場，我隨手就攔計程車，我爸罵：「怎麼亂攔車，你以為是啟德機場蓋在市區裡嗎？」我們改搭國光號到臺北車站，進市區，差點瘋掉，因為碰到下班時間，人山人海，但車經過忠孝橋，看到很多高樓大廈，心裡也比較安心一點。跳下計程車，踏上馬路，差點被車撞，因為左右邊不一樣。然後問我爸為什麼計程車司機吐血？因為我沒看過人吃檳榔，嚇了一跳。

我一來就在仁愛路「鑽石樓」，但做一年多就不做了，跑去當ＤＪ。以前在香港，叛逆期接觸一些ＤＪ，對這一行也有興趣。現在東區頂好商圈「中興診所」以前有家店是王羽開的，叫做「九十九」，旁邊還有一家「紐約紐約」，忠孝東路還有一家叫做「夜宴」，「中泰賓館」也剛起步，林森北路是什麼 Buffalo、Diana，後期還有NASA，我在臺北做了一年左右就去岡山，哇，南部的瘋狂是你無法想像的。那時候老人去PUB，十七八歲的年輕人去Disco。最流行的音樂是瑪丹娜、Modern Talking。我們七、八點進場準備暖身，高峰期是十二點到兩點，人最多，三、四點就散了。高雄人你說他俗也好，說民風淳樸也好，他們真的會抓一隻雞、一隻兔子給你，因為岡山流行三杯兔，超熱情，這種場面現在大概只有在電影才會看到。

那時二十出頭，又是港仔嘛，比較吃香，在夜店無往不利，每天醒來，旁邊都躺著不同的女孩子。其實那不是自己想要的，而是身邊的人過著這樣的生活，我也只好跟著這樣，他們在夜店High是真的High，但我只是裝High，自己沒辦法全情投入，很痛苦。一、兩年後，覺得太糜爛了，又回餐廳，浪蕩了八、九年，二十九歲收山結婚。

排檔、餐廳我都做過，排檔就是鴨莊賣三寶飯的，那可不像餐廳有一個團隊當後盾，他比較像是八爪魚，一個人什麼都要做，一個下午光是乾炒牛河，可以炒一百多份，平均一份河粉花一分半到兩分鐘，炒飯也是這樣。一個飯賣六十五到七十五塊，平均一個中午炒一萬五到兩萬臺幣，那個工作除了體力很勞累，腦筋也要動，因為時間就是金錢，要鋪排在最短的時間做最多的事情。一九八九年，股票大好的時候，我也在小巨蛋對面的「太皇」工作，那裡賣魚翅鮑魚，一份商業午餐要一千兩百八，龍王餐三千兩百八。那時候我就負責發乾貨，魚翅、鮑魚、燕窩雪蛤什麼的。魚翅一天用六十斤，每天熬的高湯起碼一百二十斤。桶子比人還高。很多人穿著短褲、拖鞋進來，燕窩斤兩要夠重，龍蝦一定要最新鮮的，鮑魚一定要大頭的，整個餐廳都不夠他吃。

一旦我覺得一家餐廳可以學的都學會了，我就離開，到更好的地方去學習。高級餐廳、私廚、排檔、臺菜店，我都做過，我也在吳奇隆的餐廳「金銀島」當過一陣廚子，對我而言，餐廳不論大小，都有學習的地方，醃法、切法，各有技巧，各有各的眉角，每個廚房千變萬化。

我一九九四年就在民生東路一家餐廳當主廚了，二十八歲左右。從六個人、八個人、二十個人的規模都做過。第一份主廚的薪水是七萬塊。各行各業賺錢都很辛苦。但我正式應聘到國外工作已經是二〇〇三年，SARS之後，本來我有兩個地方可以去，北京「欣葉」和日本一家小籠湯包連鎖店都要我去。薪水、待遇是北京比較吸引人，但我做中餐做到一個瓶頸，想學日本人的刀工和擺盤，就去了日本。待了兩年半到三年吧，說震撼也沒多震撼，但就是他們的職人精神佩服得五體投地。我在那邊當開發總監，我幫他們開發兩個菜，魚翅撈飯跟脆皮雞，一年幫他們賺好幾個億，但也覺得看夠了，就轉戰上海。

那時候一個臺灣老闆找我，管八百個人的餐廳「１８５１會館」。我帶六個外籍師傅，廚師就有九十幾個。我〇七年去上海，那時候一個小弟一千兩百塊人民幣，三年後，同一個點，三千八百塊人民幣，我請不到人。我去上海待了三年多，然後去溫州，直到二〇一四年。那時候在餐廳當總廚，薪水快六萬塊人民幣，本來不想回來，但我哥哥跟我講，我在上海，女兒在香港，老婆在臺灣，一家人真的兩岸三地。那時候女兒剛好高中畢業，要讀大學，老婆騙她說：「爸爸要回臺灣上班，妳要回來讀書嗎？」女兒心想爸爸要回來，那她也就回來了。老婆又用同一套拐我，說：「女兒要回來，你要回來嗎？」父女兩個人都被拐回來，在過渡期的時候互相埋怨，才知道中了計，但沒差啦，如果不回來，家裡也會散掉。

會回來，也是臺中要開「與玥樓」，老闆找我哥許文光，我哥找了「大倉久和」的陳偉強，要我做陳偉強的副手。我哥帶我去看，結果那地方還是空地來著。看排程，要一年半才會蓋好。我離開臺灣餐廳一段時間，除非你人脈特別強，口碑特別好，不然等於歸零。哥哥就要我去「寒舍艾美」待看看，我跟我哥說好，但如果「與玥樓」沒有確認，我回大陸。也是那一陣子吧，有一天我跟我哥在「大倉」飲茶，旁邊一桌是圓山飯店總經理蔣祖雄跟楊月琴協理在那邊試菜，他們要找「金龍廳」的主廚。剛好我哥哥認識蔣總，他就介紹我給蔣總認識，蔣總要我來圓山試菜給十二個高層吃，第一道菜是海膽豆腐、第二道燉湯，大龍蝦、牛臉頰肉、筍殼魚等等，我把我在大陸看到的拿出來演繹，做Table Show跟說菜，那天中午試完菜我就離開了，傍晚電話就來了，要我過來談細節，就ＯＫ了。

二〇一四年八月一日報到。在那之前我都沒想到自己可以來圓山，這裡高不可攀，是國家門面，大家想到臺灣飯店就是圓山，它地標很明顯。我是空降，多少老員工想做這個工作，我也跟裡面的廚子吵架，我說：「你有什麼不爽，下班我們在門口吵，釘孤枝啦。我不是用我的職權壓你，我是跟你講道理，但你不講道理的時候，你兇，我比你更兇。」後來他回頭跟我說：「歹勢，我剛剛講話難聽。」我說：「我可以理解，大家都在外面呷頭路。」

剛開始進來會有想做Fine Dining的概念，但改革不是那樣容易，這個要所有員工配合。我把中國、日本看到那套說菜的儀式帶進來，想到曾經在中國看到師傅在現場切豆腐，也去練刀功，練了快十天，練到一塊豆腐能切一〇八刀。一〇八刀，一路發嘛，就賦予它一個說法，掰一個故事，就會有一個賣點，外場人員再幫我修飾和美化。二〇一四年開始在桌邊做切豆腐Table Show，馬總統和蔡總統都有看過。

我在乎創新，但也在乎基本功，每個師傅炒菜抹布都先洗好，抹布擦完鍋子要可以洗臉，十二點炒到兩點，抹布擦過還是乾淨的，為什麼？代表鍋子乾淨，每天一早一晚，炒菜開始之前都燒鍋，湯杓一定要乾淨，不能有水分，米酒、麻油、蠔油所有東西都要乾乾淨淨，這是基本功，你看師傅比濟公還糟糕，我就飆罵了。儀態也是很重要，這是我們進廚房老師傅要求的。他們菜炒好，打到盤子裡，盤子夠不夠熱？會不會走水？會不會太鹹？看菜不好，我會要他們倒掉，不要怕浪費我的食材，我對我的同事要求很高。廚房配置有爐頭、砧板、扣墩、點心頭頭和燒臘頭頭，這些都是我的兵，我就是那個下棋的人。

這是我待過最久的餐廳，我也沒想到我會在這麼LKK的地方待這麼久。一開始進來野心勃勃，想在這條路闖出名堂，不是老大，也要是一方之霸，畢竟我做菜也做得不比人差啊。做菜最愉快的事就是看到客人吃飽喝足，離開餐廳笑咪咪的。但瞄到客人桌上菜沒吃完，我也會上前關心一下，他們沒吃完的，我會拿過來吃，看剩下什麼，譬如他們點了客家小炒，餐盤剩下什麼，是不是蒜苗給太多？蔥給太多？那就三兩改二兩，改肉絲多一點，豆乾多一點，調整比例。

我做菜的成就是客人開心，我就開心，但我這個人對吃飯要求不高欸，滷肉飯、雞腿飯我吃得很開心，我的靈感都在外面多吃多看，路邊攤也是偷師的地方。我有一個小菜，糯米椒炒小魚乾，也是外面看到，覺得不錯才研發。路邊攤都可以激發靈感。一個厲害的師傅會把很普通的東西包裝得很貴。香港米其林餐廳把皮蛋切成像是金魚一樣，可以賣到一百多塊港幣，師傅會利用食材，這是大陸來的師傅。那不是高級食材，但這就是刀功和包裝。

在圓山當一方之霸，在家還是要煮飯。我岳父跟我一起住，他前年血栓，腿鋸掉，不方便出門，在家吃飯，比較開心。家裡的廚房就很一般，能煮就好了。

跟老婆怎麼認識喔？大概就一九九五年左右，我跟在一起五年的前任分手，很無聊。有一天，我一個小弟說：「老大，老大，我約了幾個妹，很正點，一起唱歌好嗎？」他們應該是要我去付錢，但我沒所謂，就說好啊。四個人赴約，約在「華國飯店」。結果被放鳥，幾個女孩子剛好經過，她們應該剛下班還是怎麼樣，我上前搭訕，說：「欸，下班啦，要不要一起去唱歌啦？」她們聽我口音，知道我不是臺灣人，就說好啦。八個人不認識一起去唱歌，我二十八歲，她們十六、七歲，還在念書，念「稻江」，那麼小，也玩不起來。但其中有一個留我電話，後來有互動，但那個人後來說她要大考，她有一個好朋友對我好像有點意思，就叫我跟她好朋友應付應付先，應付到最後就在一起，肚子搞大了，靠喲，發現她還沒滿十八歲。但做錯事就認錯，我跟她爸爸媽媽講，說要負責。她爸爸媽媽都說OK，就結婚了。

我是她的初戀，女兒才六歲、她才二十三、四歲，她的朋友、同事都慫恿她離開我，而我是沒有腳的鳥，也不喜歡別人綁著我。一度我把女兒帶回香港讓我爸爸媽媽照顧，然後我去日本、大陸發展，讓彼此冷靜一段時間，但回臺灣，我還是會找她。離婚這件事對我來講很簡單，但我沒想到要分開，捨不得。現在一家人住在一起，老婆今年四十一歲，女兒二十四歲，兩個人在一起好像姊妹，我們一起出去，我好像阿公。

終章

浴火重生

迎向第七十個生日

吆喝聲、議價聲、交談聲，菜市場市聲鼎沸，彷彿一鍋就要煮沸的水。側耳靜聽，那攤販悶在口罩裡的聲音是：「要買要快喔，要買要快喔，疫情失控了，再來就要封城啦。」攤販嘴裡喊著疫情失控，可市場裡人潮洶湧，顧客們全然無視社交距離，前胸貼著後背，遲來一步的家庭主婦見攤販上只剩下一些破碎枯黃的菜葉，伸出去的手在半空中遲疑一兩秒，還是向前把菜葉撈起來，遞給了菜販結帳。

那一天，永和頂溪市場的人心惶惶，就是整個臺灣各地市場的縮影。二〇二一年，五月十九日，星期六，中央流行疫情指揮中心宣佈即刻起三級警戒。

那一天，圓山房務副理高麗娟當天休假，回南部，看到新聞，原本和先生想多待一晚的她，還是打包行李回臺北。隔天，她銷假返回辦公室，打開電腦，心都涼了一半：「我每天例行公事是打開電腦，看住房數安排人力，那人數是墜樓式的下降。除了零零星星的長住客人，再無訂房，那意味著我不需要這麼多人力，那怎麼辦呢？公司有指示，要同仁配合休假，有來上班的，就做裝備保養，盤點備品。門把，遙控器，桌面擦拭過一遍又一遍。上班的氣氛，我不能說緊張，但就是從繁華變成寂靜，住客多的時候，同事客人遇見會打招呼，但三級之後，整個樓層很安靜。」

餐廳裡的歡笑聲、碗盤刀叉碰撞聲，大堂裡小孩的嬉鬧聲，遊客們的交談聲都消失了，人潮退去，廳堂之中華麗的蘭花不見了，大飯店頓時安靜下來，彷彿一根針掉到地上，都能聽得清清楚楚。

那種冷清的感覺有一種熟悉的即視感。

二〇二〇年一月十一日，中華民國第十五任總統、副總統選舉，民進黨候選人蔡英文以8,170,231的得票數，57.13%的得票率贏過國民黨韓國瑜、親民黨宋楚瑜。整座島嶼經過好幾個月選戰的謾罵、對立，也有那麼點兵疲馬困的味道，兼以農曆新年將至，民間社會有點養生休息的意味，大街小巷擺出各色年貨與春聯，處處皆可聽見鑼鼓喧囂的應景音樂，街上百姓的臉龐是放鬆的，眾人見面討論年終的多寡或年假規劃，然而交談中卻夾雜一個小小的、刺耳的話題：「你有沒有聽說中國那邊有奇怪的疫情正在流行？」

陳愷璜副總之前在立法院擔任國會助理，有過在公部門處理ＳＡＲＳ防疫標準流程的經驗，她在主管會議提議是否要建立一套ＳＯＰ，會議中有其他部門的主管稱，疾病未有定論，若這樣大費周章搞起防疫，豈不影響生意，比較起來，美國流感疫情不是更嚴重，幹嘛大驚小怪呢？主管們並無共識；一月底，疫情失控，一月二十日，行政院針對該疾病開設「嚴重特殊傳染性肺炎中央流行疫情指揮中心」，三天後，指揮中心提升為二級開設，由時任衛生福利部部長陳時中擔任指揮官。一月三十一日，「鑽石公主號」停泊基隆港，兩千名旅客入境，參觀基隆廟口、九份、臺北一〇一、西門町，還有，臺北重要地標，圓山飯店。七天後，疫情指揮中心記者會公布郵輪有確診者。

此後，無人住房，無人用餐，從高速公路望過去，往日燈火輝煌的飯店，窗戶的燈一盞一盞滅了下來。厄運的銀針首次落在圓山飯店。整個春天，民間社會搶不到口罩和酒精，量額溫、超商實聯制……指揮中心隨時都有新的規定令民眾手忙腳亂，每日下午，民眾的心情也隨著記者會陳時中彙報的確診人數起起伏伏。

四月中旬，圓山的外牆突然亮起了「ＺＥＲＯ」的字樣，原來是睽違三十六天，臺灣並無出現肺炎確診案例，總經理楊守毅帶領飯店同事發揮巧思點燈慶祝，小小創意非但國人熱議，也躍上《華爾街日報》、《華盛頓郵報》等，數十家國際媒體報導。法國電視台TFI也狂報「圓山飯店ZERO燈」，曝臺灣抗疫祕密，照常上班上課引羨慕！

疫情失控，在全球蔓延，封城、停課、居家上班上課……然而臺灣似乎活在平行時空，疫情控制得宜，人們可以去電影院看電影、去餐廳吃飯。七月底，台股來到12,691點，突破一九九〇年二月十二日所達到的歷史高點12,682，往日的天花板變成了樓地板，台積電從兩百多點、三百、四百，勢如破竹，在隔年一月中跳上六百點，世界鎖國，臺灣熱錢湧入，歌照唱、舞照跳，彷彿太平盛世。

民間開始流行「報復性旅遊」，不能出國，圓山飯店變成國旅最夯的場景，全臺北住宿第一名。「攤開臺北星級飯店報表，往年圓山住宿率在大臺北飯店通常就是排名十二名、十三名，好一點就到八、九名，最夯的時候就衝到第七名吧。疫情來了，一個『鑽石公主號』搞死了我們，可下半年，我們站上住宿第一名。」董事長林育生如此說。

林育生二〇一九年掌管圓山，他用「洗三溫暖」形容入主圓山的心路歷程：「我在企業界比從政的時間還要長久，我來這邊不是因為我的政治資歷，而是我的商業經歷。這是一個虧損連連的飯店，我來圓山的自我期許就是我是否能讓它轉虧為盈，一個沒有盈餘的企業，是沒有辦法好好照顧他的員工，更遑論改善他的服務品質。」

林育生當然不是第一個擁有雄心壯志的管理者。辜振甫以降，宗才怡、張學勞、黃大洲、李建榮、張學舜、王國材，每個主事者都有一套改革之道。一九九八年，「亞都麗緻」總裁嚴長壽在辜振甫的力邀之下，亦接掌圓山總經理。其時，圓山大火重建工程尚未竣工，又接連幾個高層貪腐弊案，他曾在文章中提及，「圓山飯店的大廳除了大與壯觀，暗沉的燈光與隱晦的空氣之中彷彿瀰漫著一股敗落、衰老、憔悴和沉寂」[1]，但他仍站在高處企圖替圓山找到新的努力方向：「接待國家重要貴賓、元首的活動場所」以及「國際會議的舞台，接待外賓的場所」，他為圓山找出了新的定位，並制定了改革三個階段，未料因為內部保守勢力反彈，壯志未酬，僅十八個月就黯然離去。

林育生掌管保守的圓山，碰上第一個棘手的問題就是佔四成盈餘的陸客突然不來了：「我來圓山的目的是要終結它二十四年的連續虧損。二十五年前，圓山因為空廚是賺錢的，但空廚收了，是逐年虧損。我來圓山的時候是二〇一九年三月，那一年，香港反送中，中國規範他的人民半年不能來，以往圓山十八億的收入，有七、八億是來自陸客，但這是圓山二十四年第一次轉虧為盈，這是不可思議的一年。這是我在圓山洗的第一個三溫暖。」

他怎麼做到的？「可能要感謝我的司機吧。他已經在圓山工作快四十年了，有一天我跟他聊天，問他圓山哪裡最有趣？最想去？他說密道和總統套房，但沒有機會進去，因為上面不讓他們去，他上班上了快二十年，才知道密道的入口在哪裡。我聽了很心酸，因為一個人扣掉睡覺，在職場的時間比在家還久，這樣的企業沒有溫度。我開放員工參觀總統套房跟密道，迴響踴躍，陳愷璜副總建議後來擴大成文化導覽，三個月來了五萬人，那一年最後一季轉虧為盈，打斷手骨顛倒勇，大家年終獎金多領了一些錢。那一年能賺錢，是因為我們將飯店定位『文化觀光景點』，而並非單純的飯店。再來，是成本控管。像之前員工有服裝預算，一年可以做兩三套制服，但內勤人員可以不用穿制服，餐廳房務人員的服裝也無需年年汰換，只需作固定尺寸，髒了再換。再來，就是節能，我們請了一個經理，管控瓦斯水電，那一年省了四百多萬的電費。我剛來的時候，看到年度水電費以及瓦斯費用嚇到了，包含高雄圓山和聯誼會，八千七百萬，這是不可思議的。」

二〇二〇年開春，承續上一年的盛況，就賺了兩千七百萬。未料上半年「鑽石公主號」，業績中箭落馬，所幸下半年疫情趨緩，營業額急起直追，「這一年我們的西密道一共來了十七萬人。隨之今年（二〇二一）三月開放東密道，那邊本來是一片廢墟，我們把它整理好，開放不到一年就回本。然後我們推『國宴文化餐』，讓『圓苑』和『金龍廳』的平

1　嚴長壽，《御風而上》，寶瓶，頁一六〇。

均單價提高百分之二十，撐大營業額，獲利也增加，整個四月生意好到爆滿，無法多接客。那時候，四月住房成長數倍，營收是前一年十倍成長，餐飲成長三倍，同一時期，同業客房成長兩倍，餐飲成長一．三六倍。你覺得你又洗到三溫暖，正是最舒服的時候，三級警戒來了……我整個人都快起痟了。」

然而圓山已非九〇年代那個保守陳舊的經營團隊了，餐廳沒有人來，那就主動出擊。「很多客人對我們有期待與需求，我們有一條線做外賣與熱食，索性來直播，開箱飯店冷凍包。第一場直播做煨麵。中午開會拍板定案，下午就直播，本來是一個廚師一面做，一面教，變得有點手忙腳亂，後來變兩個人。我們是全自製品，後來反響很好，變成一週兩次，也賣冷凍PIZZA。我們後來也推出了三款防疫包，主餐、點心、餅乾都有；牛肉麵、小林煎餅。我們就把現有的資源結合起來。」餐飲部趙令烜協理如此回應著。

二〇二二年一月二十二日，圓山飯店搶先流行疫情指揮中心一步，宣布西點麵包師傅確診，飯店第一時間通報上級，並對外界發消息，飯店四間餐廳暫停營業，兩天清消，員工篩檢，林育生更率員工持快篩陰性證明拍攝影片，在鏡頭前表示「圓山ＯＫ、請放心」。

「我們不能拿顧客和員工身家性命開玩笑。但畏畏縮縮是沒有用的。遇到事情勇於面對，不誠實，拖泥帶水只會更糟糕，那只會帶來更可怕的災難，我要總經理第一時間立刻告知外界。防疫單位要我們暫時關閉點心廚房，但我們的做法卻是把所有客房和餐廳的訂單都退掉。」林育生如此表示，全然地化危機為轉機。二〇二二年五月十日，這個飯店就要過它七十歲的生日了，但它沒有衰老，腐化，反而比以往任何一個時刻更富創意，更勇於任事。

餐廳裡的歡笑聲、碗盤刀叉碰撞聲，大堂裡小孩的嬉鬧聲，大人的交談聲，紅房子裡的歡聲笑語又回來了。圓山七十歲生日的倒數前四十二天，大廳裡，五、六名歐吉桑、歐巴桑抬頭仰望著梅花藻井，竊竊私語。側耳靜聽，婆婆媽媽互相問候，這個婆婆是女兒幫她上網訂的，那個媽媽是跟社區活動中心一起遊覽，這個人是麻豆來的，那個人是後壁來的，哈哈哈，兩組人大笑，原來是同鄉，那不如一起拍照吧，其中一個拿出相機，吆喝大家一起入鏡，並喜孜孜地說：「這飯店是蔣夫人開的，卡早不能住，今麻可以了。住兩眠，嚐鮮一下，我也要看看，當總統的滋味是啥咪。」

嚴長壽當年替這個老飯店「五年三階段」計畫壯志未酬，圓山並未成為臺灣的文華東方、半島，圓山還是圓山，在歷史的轉折點，輕輕悄悄地轉了個彎，迎向它的第七十個生日。

MO021

紅房子：
圓山大飯店的當時與此刻

作者　李桐豪
審定　林果顯
責任編輯　林芳如、孫中文
責任企劃　林宛萱、何文君
封面設計　楊啟巽
攝影　周永受、曾奕睿
圖片提供　國立臺灣歷史博物館、國史館、中央社、郭雪湖基金會、秋惠文庫
副總編輯　鄭建宗、劉璞
總編輯　董成瑜
發行人　裴偉

出版　鏡文學股份有限公司
114066 台北市內湖區堤頂大道一段 365 號 7 樓
電話：02-6633-3500
傳真：02-6633-3544
讀者服務信箱：MF.Publication@mirrorfiction.com

總經銷　大和書報圖書股份有限公司
242 新北市新莊區五工五路 2 號
電話：02-8900-2588
傳真：02-2299-7900

內頁排版　宸遠彩藝有限公司
印刷　漾格科技股份有限公司
出版日期　2022 年 7 月 初版一刷
2022 年 11 月 初版三刷
ISBN　978-626-7054-48-2
定價　480 元

國家圖書館出版品預行編目資料

紅房子 / 李桐豪著. -- 臺北市：鏡文學股份有限公司,
2022.07
320面；14.8×21公分
ISBN 978-626-7054-48-2(平裝)

1. 圓山大飯店　2. 歷史　3. 訪談

489.2　111003159

圓山大飯店
THE GRAND HOTEL
題材取自圓山大飯店